乡村振兴战略之乡村生态宜居

U0272046

乡村振兴
与美丽乡村建设

李艳蒲 穆永海 张秀昌 主编

中国农业科学技术出版社

图书在版编目（CIP）数据

乡村振兴与美丽乡村建设／李艳蒲，穆永海，张秀昌主编 .—北京：中国农业科学技术出版社，2018.10

ISBN 978-7-5116-3868-7

Ⅰ. ①乡… Ⅱ. ①李… ②穆… ③张… Ⅲ. ①农村-社会主义建设-研究-中国 Ⅳ. ①F320.3

中国版本图书馆 CIP 数据核字（2018）第 201090 号

责任编辑	崔改泵
责任校对	马广洋

出 版 者	中国农业科学技术出版社
	北京市中关村南大街 12 号 邮编：100081
电 话	（010）82109194（编辑室） （010）82109702（发行部）
	（010）82109709（读者服务部）
传 真	（010）82106650
网 址	http://www.castp.cn
经 销 者	各地新华书店
印 刷 者	北京建宏印刷有限公司
开 本	880 mm×1 230 mm 1/32
印 张	6.125
字 数	161 千字
版 次	2018 年 10 月第 1 版 2020 年 8 月第 2 次印刷
定 价	35.00 元

◀━━ 版权所有·翻印必究 ━━▶

《乡村振兴与美丽乡村建设》
编 委 会

主　编	李艳蒲	穆永海	张秀昌		
副主编	江凤平	张志峰	陈伟春	顾仁恺	谢新红
	胡文波	宋　颖	王　岑	王永立	焦富玉
	付丽亚	曲忠峰	张　猛	王东升	陈　星
	周宏宇	张桂颖	杨丽红	吴庆忠	王　琴
	刘玉惠	陈小武	黄志善	郝连君	赵　菲
	李效维	梁　欣	师海昆	胡学飞	李泽虎
	段同峰	花学军	李夕军	李海燕	陈孝银
	程　升	周　朋	吴庆忠	周玉波	
参　委	刘展宏	刘　勇	刘　芳	孙　泽	杨捷抒
	荆志强	程　军	张吉祥	罗桂荣	王　娜
	赵彩梅	程秀婵	张　婧	刘俊强	李云乐

前　　言

2017 年 10 月 18 日，习近平总书记在党的十九大报告中首次提出了"乡村振兴战略"，并将其作为我国全面建成小康社会、全面建设社会主义现代化强国的重大战略之一。习近平同志强调，任何时候都不能忽视农业、忘记农民、淡漠农村；中国要强，农业必须强；中国要美，农村必须美；中国要富，农民必须富。

2018 年 2 月 4 日，颁布了 2018 年中央一号文件，即《中共中央　国务院关于实施乡村振兴战略的意见》，文件中指出：实施乡村振兴战略，要按照产业兴旺、生态宜居、乡风文明、治理有效、生活富裕的总要求，建立健全城乡融合发展体制机制和政策体系，从而加快推进农业农村现代化。

本书以能力本位教育为核心，语言通俗易懂，简明扼要，注重实际操作。主要介绍了乡村振兴的本质含义、我国乡村振兴现状及解决策略、乡村振兴规划与行动纲领、现代农业与休闲农业的开发模式、村庄规划与乡村旅游、乡村综合开发与田园综合体建设等方面内容，可作为有关人员的培训教材使用。

书中如有疏漏之处，敬请广大读者批评指正。

编　者

目　　录

第一章 乡村振兴的本质含义

第一节 乡村振兴的提出

2017年10月18日，党的十九大报告首次提出乡村振兴战略，并将其列为决胜全面建成小康社会需要坚定实施的七大战略之一。报告指出，农业、农村、农民问题是关系国计民生的根本性问题，必须始终把解决好"三农"问题作为全党工作的重中之重。按照产业兴旺、生态宜居、乡风文明、治理有效、生活富裕的总要求，建立健全城乡融合发展体制机制和政策体系，加快推进农业农村现代化。在具体策略方面，报告强调，保持土地承包关系稳定并长久不变，第二轮土地承包到期后再延长30年。构建现代农业产业体系、生产体系、经营体系，完善农业支持保护制度，发展多种形式适度规模经营，培育新型农业经营主体，健全农业社会化服务体系，实现小农户和现代农业发展有机衔接。促进农村一二三产业融合发展，支持和鼓励农民就业创业，拓宽增收渠道。加强农村基层基础工作，健全自治、法治、德治相结合的乡村治理体系。培养造就一支懂农业、爱农村、爱农民的"三农"工作队伍。

党的十九大后，"乡村振兴"成为各方讨论的热点，习近平总书记对此有过多次精彩论述。2017年12月的中央农村工作会议与2018年的政府工作报告，对推进乡村振兴战略作出了重要部署。农业农村部部长韩长赋也在多个场合阐述了乡村振兴的意义、举措等。这些论述将成为未来乡村振兴战略实施的重要根据。

一、习近平总书记关于实施乡村振兴战略的重要论述

习近平总书记高度重视"三农"工作，在提出"乡村振兴战略"之前，曾在不同场合对"三农"问题发表重要论述。早在 2013 年中央农村工作会议上，他就指出：中国要强，农业必须强；中国要美，农村必须美；中国要富，农民必须富。

习近平总书记针对我国粮食安全，指出要实施"以我为主、立足国内、确保产能、适度进口、科技支撑"的国家粮食安全战略，确保谷物基本自给、口粮绝对安全。针对农民与土地的关系，他强调，解决农业农村发展面临的各种矛盾和问题，根本靠深化改革；新形势下深化农村改革，主线仍然是处理好农民和土地的关系；不管怎么改，不能把农村土地集体所有制改垮了，不能把耕地改少了，不能把粮食生产能力改弱了，不能把农民利益损害了。

习近平总书记指出，我国农业农村发展已进入新的历史阶段，农业的主要矛盾由总量不足转变为结构性矛盾，矛盾的主要方面在供给侧。习近平总书记对乡村的生态与文化也极为重视，他反复强调，"绿水青山就是金山银山""要让居民望得见山、看得见水、记得住乡愁"。

党的十九大后，习近平总书记关于乡村振兴的新理念新思想新战略主要体现在 2017 年中央农村工作会议与 2018 年的全国"两会"上。

（一）2017 年中央农村工作会议上关于"三农"工作的重要论述

在 2017 年 12 月召开的中央农村工作会议上，习近平总书记提出了一系列新理念新思想新战略：一是坚持加强和改善党对农村工作的领导，为"三农"发展提供坚强政治保障；二是坚持重中之重的战略地位，切实把农业农村优先发展落到实处；三是坚持把推进农业供给侧结构性改革作为主线，加快推进农

业农村现代化；四是坚持立足国内保障自给的方针，牢牢把握国家粮食安全主动权；五是坚持不断深化农村改革，激发农村发展新活力；六是坚持绿色生态导向，推动农业农村可持续发展；七是坚持保障和改善民生，让广大农民有更多的获得感；八是坚持遵循乡村发展规律，扎实推进美丽宜居乡村建设。

（二）2018 年全国"两会"期间关于乡村振兴的重要论述

1. 乡村振兴战略是新时代做好"三农"工作的总抓手

习近平总书记强调，实施乡村振兴战略，是党的十九大作出的重大决策部署，是决胜全面建成小康社会、全面建设社会主义现代化国家的重大历史任务，是新时代做好"三农"工作的总抓手。农业强不强、农村美不美、农民富不富，决定着全面小康社会的成色和社会主义现代化的质量。要深刻认识实施乡村振兴战略的重要性和必要性，扎扎实实把乡村振兴战略实施好。

2. 把脱贫攻坚同实施乡村振兴战略有机结合

2018 年 3 月 5 日，习近平总书记在参加内蒙古代表团审议时强调，打好脱贫攻坚战，关键是打好深度贫困地区脱贫攻坚战，关键是攻克贫困人口集中的乡村。要采取更加有力的举措、更加精细的工作，瞄准贫困人口集中的乡村，重点解决好产业发展、务工就业、基础设施、公共服务、医疗保障等问题。要完善大病兜底保障机制，解决好因病致贫问题。既要解决好眼下问题，更要形成可持续的长效机制。要把脱贫攻坚同实施乡村振兴战略有机结合起来，推动乡村牧区产业兴旺、生态宜居、乡风文明、治理有效、生活富裕，把广大农牧民的生活家园全面建设好。

3. 实施乡村振兴战略要统筹谋划，科学推进

（1）提高产业质量，把产业发展落到促进农民增收上来

推动乡村产业振兴，要紧紧围绕发展现代农业，围绕农村一二三产业融合发展，构建乡村产业体系，实现产业兴旺，把产业发展落到促进农民增收上来，全力以赴消除农村贫困，推动乡村生活富裕。要发展现代农业，确保国家粮食安全，调整优化农业结构，加快构建现代农业产业体系、生产体系、经营体系、推进农业由增产导向转向提质导向，提高农业创新力、竞争力、全要素生产率，提高农业质量、效益、整体素质。

（2）打造一支强大的乡村振兴人才队伍

推动乡村人才振兴，要把人力资本开发放在首要位置，强化乡村振兴人才支撑，加快培育新型农业经营主体，让愿意留在乡村、建设家乡的人留得安心，让愿意上山下乡、回报乡村的人更有信心，激励各类人才在农村广阔天地大施所能、大展才华、大显身手，打造一支强大的乡村振兴人才队伍，在乡村形成人才、土地、资金、产业会聚的良性循环。

（3）推动乡村文化振兴

推动乡村文化振兴，要加强农村思想道德建设和公共文化建设，以社会主义核心价值观为引领，深入挖掘优秀传统农耕文化蕴含的思想观念、人文精神、道德规范，培育挖掘乡土文化人才，弘扬主旋律和社会正气，培育文明乡风、良好家风、淳朴民风，改善农民精神风貌，提高乡村社会文明程度，焕发乡村文明新气象。

（4）让良好生态成为乡村振兴支撑点

推动乡村生态振兴，要坚持绿色发展，加强农村突出环境问题综合治理，扎实实施农村人居环境整治三年行动计划，推进农村"厕所革命"，完善农村生活设施，打造农民安居乐业的美丽家园，让良好生态成为乡村振兴支撑点。

（5）建立健全现代乡村社会治理体制

推动乡村组织振兴，要打造千千万万个坚强的农村基层党组织，培养千千万万名优秀的农村基层党组织书记，深化村民自治实践，发展农民合作经济组织，建立健全党委领导、政府负责、社会协同、公众参与、法治保障的现代乡村社会治理体制，确保乡村社会充满活力、安定有序。

（6）推动乡村振兴健康有序进行

推动乡村振兴健康有序进行，要规划先行、精准施策、分类推进，科学把握各地差异和特点，注重地域特色，体现乡土风情，特别要保护好传统村落、民族村寨、传统建筑，不搞一刀切，不搞统一模式，不搞层层加码，杜绝"形象工程"。

4. 实施乡村振兴战略，要充分尊重广大农民意愿

充分尊重广大农民意愿，调动广大农民积极性、主动性、创造性，把广大农民对美好生活的向往化为推动乡村振兴的动力，把维护广大农民根本利益、促进广大农民共同富裕作为出发点和落脚点。

二、2018 年政府工作报告中关于乡村振兴战略的部署

2018 年政府工作报告中强调，大力实施乡村振兴战略，科学制定规划，健全城乡融合发展体制机制，依靠改革创新壮大乡村发展新动能。报告从三个方面对乡村振兴作出部署。

（一）推进农业供给侧结构性改革

在农业产业方面，强调促进农林牧渔业和种业创新发展，加快建设现代农业产业园和特色农产品优势区，稳定和优化粮食生产；在农田发展方面，强调新增高标准农田 8 000 万亩①以上、高效节水灌溉面积 2 000 万亩；在经营主体方面，强调培育新型经营主体，加强面向小农户的社会化服务；在产业融合方面，强调发展"互联网+农业"，多渠道增加农民收入，促进农村一二三产业融合发展。

---

① 亩为非法定计量单位，1 亩≈667 平方米。

（二）全面深化农村改革

报告主要对农村土地改革给出了指示，落实第二轮土地承包到期后再延长 30 年的政策；探索宅基地所有权、资格权、使用权分置改革；改进耕地占补平衡管理办法，建立新增耕地指标、城乡建设用地增减挂钩节余指标跨省域调剂机制，所得收益全部用于脱贫攻坚和支持乡村振兴。此外，报告还强调，要深化粮食收储、集体产权、集体林权、国有林区林场、农垦、供销社等改革，使农业农村充满生机活力。

（三）推动农村各项事业全面发展

在设施建设方面，强调改善供水、供电、信息等基础设施，新建改建农村公路 20 万公里（1 公里＝1 千米）。稳步开展农村人居环境整治三年行动，推进"厕所革命"；在文化方面，强调促进农村移风易俗；在乡村治理方面，强调健全自治、法治、德治相结合的乡村治理体系。报告还强调，要坚持走中国特色社会主义乡村振兴道路，加快实现农业农村现代化。

第二节　中央一号文件对乡村振兴政策的解读

自 2004 年以来，中央一号文件连续 15 次聚焦"三农"工作（表 1-1），乡村建设的重点开始向解决"三农"问题转变。

表 1-1　2004—2018 年中央一号文件主题

年份	主题
2018	《关于实施乡村振兴战略的意见》
2017	《关于深入推进农业供给侧结构性改革加快培育农业农村发展新动能的若干意见》
2016	《关于落实发展新理念加快农业现代化实现全面小康目标的若干意见》
2015	《关于加大改革创新力度加快农业现代化建设的若干意见》

（续表）

年份	主题
2014	《关于全面深化农村改革加快推进农业现代化的若干意见》
2013	《关于加快发展现代农业进一步增强农村发展活力的若干意见》
2012	《关于加快推进农业科技创新持续增强农产品供给保障能力的若干意见》
2011	《关于加快水利改革发展的决定》
2010	《关于加大统筹城乡发展力度进一步夯实农业农村发展基础的若干意见》
2009	《关于促进农业稳定发展农民持续增收的若干意见》
2008	《关于切实加强农业基础建设进一步促进农业发展农民增收的若干意见》
2007	《关于积极发展现代农业扎实推进社会主义新农村建设的若干意见》
2006	《关于推进社会主义新农村建设的若干意见》
2005	《关于进一步加强农村工作提高农业综合生产能力若干政策的意见》
2004	《关于促进农民增加收入若干政策的意见》

党的十九大提出乡村振兴战略，既是对以往乡村政策高屋建瓴的总结，也是对未来乡村发展的前瞻。梳理近年来中央一号文件的政策导向与要点，能够对国家关于乡村发展的推进路径有一个明晰的了解，从而有益于乡村振兴战略的实施与推进。

一、2018 年中央一号文件要点

2018 年 1 月 2 日，题为《中共中央 国务院关于实施乡村振兴战略的意见》的中央一号文件发布，这是我国 21 世纪以来第 15 个以"三农"为主题的一号文件。中央农村工作领导小组办公室主任韩俊介绍，既管全面、又管长远，是 2018 年中央一号文件相比此前 14 份一号文件最大的不同。

中央一号文件开篇，总结了五年来我国在粮食生产、农民收入、农村民生、农业供给侧结构性改革、脱贫攻坚、农村生态文明等多个领域取得的重大成就，指出农业农村发展成就与"三农"工作经验，为实施乡村振兴战略奠定了良好的基础。同时，文件还指出我国发展不平衡不充分问题在乡村最为突出，主要表现在农产品供求矛盾问题、农业供给质量不高、农民适应生产力发展与市场竞争的能力不足、职业农民队伍缺乏、生态环境问题突出、农村金融改革任务繁重、农村基层党建薄弱、乡村治理体系存在问题等方面。文件强调，实施乡村振兴战略，是解决人民日益增长的美好生活需要和不平衡不充分的发展之间矛盾的必然要求，是实现"两个一百年"奋斗目标的必然要求，是实现全体人民共同富裕的必然要求。

（一）确定目标——实施"三步走"

按照党的十九大提出的全面建成小康社会、分两个阶段实现第二个百年奋斗目标的战略安排，中央一号文件提出分 2020 年、2035 年、2050 年三个阶段实施乡村振兴战略，并明确了每个阶段需要达成的成效。到 2020 年，乡村振兴战略取得重要进展，农业生产能力、农民增收、基础设施建设、公共服务水平等 10 个方面实现基本的发展目标；到 2035 年，乡村振兴取得决定性进展，脱贫致富、城乡融合、乡村治理和生态环境四个方面须达到更加完善的发展目标；到 2050 年，乡村全面振兴，农业强、农村美、农民富全面实现。

（二）确定重点——五大方面构建有机整体

1. 产业兴旺是重点

乡村振兴，产业兴旺是重点。以农业供给侧结构性改革为主线，中央一号文件从农业生产能力、质量兴农、三产融合、农业对外开放和小农户发展五个方面，对农业发展质量提升、培育乡村发展新动能提出指导意见，以此加快构建现代农业产业体系、生产体系和经营体系，实现由农业大国向农业强国的转变。

（1）农村一二三产业融合发展

实现产业兴旺的目标，尤其要注重农村的一二三产业融合。中央一号文件强调，大力开发农业多种功能，延长产业链、提升价值链、完善利益链，通过保底分红、股份合作、利润返还等多种形式，让农民合理分享全产业链增值收益。在农业与旅游业融合发展方面，中央一号文件指出，实施休闲农业和乡村旅游精品工程，建设一批设施完备、功能多样的休闲观光园区、森林人家、康养基地、乡村民宿、特色小镇，并提出发展乡村共享经济、创意农业和特色文化产业。由此可见，精品化、特色化和多元化将是未来休闲农业与乡村旅游的发展方向。

（2）小农户与现代农业有机衔接

中央一号文件提出，把小农生产引入现代农业发展轨道。推进农业生产全程社会化服务，帮助小农户节本增效；发展多样化的联合与合作，提升小农户组织化程度；开展农超对接、农社对接，帮助小农户对接市场；扶持小农户发展生态农业、设施农业、体验农业、定制农业；改善小农户生产设施条件，提升小农户抗风险能力；研究制定扶持小农生产的政策意见，这一系列措施，明确了要培育专业化、市场化的服务组织，以联合与合作的方式，提升小农户组织化程度，并通过政策意见的制定，提高小农户的话语权。

2. 生态宜居是关键

乡村振兴，生态宜居是关键。中央一号文件从山水林田湖草治理、农村环境问题治理、生态补偿机制、生态产品与服务四个方面，对推进乡村绿色发展，打造人与自然和谐共生发展新格局提出了指导意见。

其中，对于农业生态产品和服务供给，中央一号文件指出，加快发展森林草原旅游、河湖湿地观光、冰雪海上运动、野生动物驯养观赏等产业，积极开发观光农业、游憩休闲、健康养生、生态教育等服务,创建一批特色生态旅游示范村镇和精品线路,打造绿色生态环保的乡村生态旅游产业链。由此可以看出,充分利用乡村绿色资源发展乡村生态旅游产业,是实现经济发展与生态建设的共赢途径。

3. 乡风文明是保障

乡村振兴,乡风文明是保障。中央一号文件从思想道德建设、优秀传统文化、公共文化建设、移风易俗行动四个角度,阐述了乡村精神文明建设的指导意见;并提出通过培育文明乡风、良好家风、淳朴民风,不断提高乡村社会文明程度。

在传统文化的保护和传承方面,中央一号文件指出,划定乡村建设的历史文化保护线,保护好文物古迹、传统村落、民族村寨、传统建筑、农业遗迹、灌溉工程遗产;并要求吸取城市文明及外来文化优秀成果,在保护传承的基础上,创造性转化、创新性发展。由此可以看出,传统文化是乡村的灵魂,乡村建设要注重融合传统文化元素,做好乡风民俗的传承和保护。

4. 治理有效是基础

乡村振兴,治理有效是基础。中央一号文件指出,必须把夯实基层基础作为固本之策,建立健全党委领导、政府负责、社会协同、公众参与、法治保障的现代乡村社会治理体制,并重点阐述了农村基层党组织建设、"三治"融合治理体系、农村社会治安防控体系等内容。

中央一号文件从村民自治、乡村法治和德治三个方面,对构建乡村治理新体系提出了指导意见。

自治方面,通过建立健全村务监督委员会、发挥新乡贤作用、开展村民自治试点工作、建立网上服务站点、培育农村社会组织等多项举措,加强农村群众性自治组织建设,健全和创新村党组织领导的充满活力的村民自治机制。

法治方面,树立依法治理理念,强化法律在维护农民权益、规范市场运行、农业支持保护、生态环境治理、化解农村社会矛盾等方面的权威地位。

德治方面，深入挖掘乡村熟人社会蕴含的道德规范，结合时代要求进行创新，强化道德教化作用，引导农民向上向善、孝老爱亲、重义守信、勤俭持家。

5. 生活富裕是根本

乡村振兴，生活富裕是根本。中央一号文件围绕农民群众最关心、最直接、最现实的利益问题，如农村教育、农民就业增收、农村基础设施、社保体系、健康问题、人居环境等，按照抓重点、补短板、强弱项的要求，一件事情接着一件事情办，一年接着一年干，把乡村建设成为幸福美丽新家园。

在促进农村劳动力转移就业和农民增收中，中央一号文件首次提出实现乡村经济多元化。文件指出，培育一批家庭工场、手工作坊、乡村车间，鼓励在乡村地区兴办环境友好型企业，实现乡村经济多元化，提供更多就业岗位。可以看出，乡村经济多元化为乡村发展开拓了思路，对拓宽农民增收渠道、带动农民脱贫致富有重要意义。

（三）乡村振兴战略保障措施

1. 农村土地制度改革

（1）完善农村土地承包制度

对于农村承包地经营制度，中央一号文件明确了以下几方面内容：一是落实农村土地承包关系稳定并长久不变政策，衔接落实好第二轮土地承包到期后再延长 30 年的政策；二是全面完成土地承包经营权确权登记颁证工作；三是完善农村承包地"三权分置"制度，在依法保护集体土地所有权和农户承包权前提下，平等保护土地经营权。

（2）探索宅基地"三权分置"

针对农村宅基地，中央一号文件提出，完善农民闲置宅基地和闲置农房政策，探索宅基地所有权、资格权、使用权"三权分置"，落实宅基地集体所有权，保障宅基地农户资格权和农民房屋财产权，适度放活宅基地和农民房屋使用权，不得违规违法买卖宅基地，严格实行土地用途管制，严格禁止下乡利用农村宅基地建设别墅大院和私人会馆。

中央农村工作领导小组办公室主任韩俊认为，宅基地"三权分置"是借鉴农村承包地"三权分置"办法，在总结有关试点经验的基础上提出来的改革探索任务，但必须守住底线，探索适度放活宅基地和农民房屋使用权，不是让城里人"下乡"去买房置地。

2. 强化人才支撑

中央一号文件从五个方面，对破解人才瓶颈制约提出了要求。

一是大力培育新型职业农民，全面建立职业农民制度，实施新型职业农民培育工程。

二是加强农村专业人才队伍建设，建立县域专业人才统筹使用制度，培养一批农业职业经理人、经纪人、乡村工匠、文化能人、非遗传承人等。

三是发挥科技人才支撑作用，全面建立高等院校、科研院所等事业单位专业技术人员到乡村和企业挂职、兼职和离岗创新创业制度，保障其在职称评定、工资福利、社会保障等方面的权益。

四是鼓励社会各界投身乡村建设，吸引支持企业家、党政干部、专家学者、医生教师、规划师、建筑师、律师、技能人才等，通过下乡担任志愿者、投资兴业、包村包项目、行医办学、捐资捐物、法律服务等方式服务乡村振兴事业。此外，文件中明确支持工商资本下乡，提出加快制定鼓励引导工商资本参与乡村振兴的指导意见，落实和完善融资贷款、配套设施建设补助、税费减免、用地等扶持政策，明确政策边界，保护好农民利益。

五是创新乡村人才培育引进使用机制，建立自主培养与人才引进相结合，学历教育、技能培训、实践锻炼等多种方式并举的人力资源开发机制。

3. 开拓投融资渠道

中央一号文件对于乡村振兴战略的资金问题有着全面的规划，提出要健全投入保障制度，创新投融资机制，加快形成财政优先保障、金融重点倾斜、社会积极参与的多元投入格局，确保投入力度不断增强、总量持续增加。

财政方面，文件强调，要建立健全实施乡村振兴战略财政投入保障制度，公共财政更大力度向"三农"倾斜，确保财政投入与乡村振兴目标任务相适应。中央农村工作领导小组办公室主任韩俊认为，公共财政首先得给力，要加快建立涉农资金整合的长效机制，发挥财政资金"四两拨千斤"的作用，通过财政资金撬动更多金融资金和社会资金投向乡村振兴。

资金筹集方面，文件提出，改进耕地占补平衡管理办法，建立高标准农田建设等新增耕地指标和城乡建设用地增减挂钩节余指标跨省域调剂机制，将所得收益通过支出预算全部用于巩固脱贫攻坚成果和支持实施乡村振兴战略。

金融方面，文件指出，坚持农村金融改革发展的正确方向，健全适合农业农村特点的农村金融体系，推动农村金融机构回归本源，把更多金融资源配置到农村经济社会发展的重点领域和薄弱环节，更好满足乡村振兴多样化金融需求。2018 年 2 月韩俊指出，根据部署，下一阶段还要出台关于金融服务乡村振兴的指导意见，起草金融服务乡村振兴的考核评估办法，要通过这些政策性文件把金融服务乡村振兴落到实处。

二、2004—2017 年中央一号文件内容梳理

2004—2017 年 14 个以"三农"为主题的中央一号文件，主

要从农民增收、社会主义新农村建设、以农村农业发展为基础、农业产能与农产品供给、农业现代化建设、农业供给侧结构性改革等方面，对每年的"三农"工作提出指导要求。

（一）促进农民增收

2004年、2008年、2009年中央一号文件中，均提及农民增收问题。

2004年，中央一号文件从九个方面对农民增收提出指导意见，分别是：集中力量支持粮食主产区发展粮食产业，促进种粮农民增收；推进农业结构调整，挖掘农业内部增收潜力；发展二三产业，拓宽增收渠道；改善农民进城就业环境，增加外出务工收入；发挥市场机制作用，搞活农产品流通；加强农村基础设施建设，为增收创造条件；深化农村改革，为农民增收减负提供体制保障；做好扶贫开发工作；加强党对促进农民增收工作的领导，确保增收政策落到实处。

2008年，中央一号文件提出要自觉加强农业基础地位，不断加大强农惠农政策力度；提高农业综合生产能力，尽快改变农业基础设施长期薄弱的局面；推动农业科技创新取得新突破；提高农村公共产品供给水平；深化农村改革，激发亿万农民的创造活力；始终坚持把解决好"三农"问题作为全党工作的重中之重；通过这些方面的举措，积极促进农业稳定发展、农民持续增收。

2009年，中央一号文件从五个方面提出了促进农民持续增收的意见，包括加大对农业的支持保护力度、稳定发展农业生产、强化现代农业物质支撑和服务体系、稳定完善农村基本经营制度和推进城乡经济社会发展一体化。

（二）社会主义新农村建设

2006年和2007年，中央一号文件连续两年在主题中提及推进社会主义新农村建设。

2006 年，中央一号文件从统筹城乡经济社会发展、推进现代农业建设、促进农民持续增收、加强农村基础设施建设、发展农村社会事业、全面深化农村改革、加强农村民主政治建设、动员全党全社会参与和支持八个方面，对社会主义新农村建设提供政策制度支持。

2007 年，中央一号文件以"积极发展现代农业，推进社会主义现代化建设"为主题，从现代农业的投入保障机制、设施装备水平、科技支撑、产业体系、物流产业、人才队伍、农村综合改革、党对农村工作的领导八个方面为主题提出相关指导意见。

（三）农村农业发展基础

2010 年和 2011 年的中央一号文件，从统筹城乡发展力度和水利改革等不同角度，对农村农业发展基础提出意见。

2010 年，中央一号文件提出夯实农业农村发展基础，主要通过健全强农惠农政策体系，推动资源要素向农村配置；提高现代农业装备水平，促进农业发展方式转变；加快改善农村民生，缩小城乡公共事业发展差距；协调推进城乡改革，增强农业农村发展活力；加强农村基层组织建设，巩固党在农村的执政基础这五个方面实现。

2011 年，在严重水旱灾害带来重大生命财产损失的背景下，中央一号文件以加强水利改革发展为主题，强化农田水利基础设施建设，以此保障经济社会的稳定发展。文件提出大兴农田水利建设、搞好水土保持和水生态保护、加大公共财政对水利的投入、加快水利工程建设和管理体制改革等内容，要把水利工作摆上党和国家事业发展更加突出的位置，着力加快农田水利建设，推动水利实现跨越式发展。

（四）农业产能与农产品供给

2005 年和 2012 年的中央一号文件，提及农业综合产能提升和依靠科技创新增强农产品供给保障能力。

2005 年，中央一号文件提出坚持统筹城乡发展的方略，坚持"多予少取放活"的方针，稳定、完善和强化各项支农政策，切实加强农业综合生产能力建设，继续调整农业和农村经济结构，进一步深化农村改革，努力实现粮食稳定增产、农民持续增收，促进农村经济社会全面发展。

2012 年，中央一号文件指出推进工业化、城镇化和农业现代化，围绕强科技保发展、强生产保供给、强民生保稳定，进一步加大强农惠农富农政策力度，奋力夺取农业好收成，合力促进农民较快增收，努力维护农村社会和谐稳定。

（五）农业现代化建设

自 2013 年起，连续 4 年的中央一号文件都以推动"农业现代化建设"为主要政策方向。

2013 年，中央一号文件对全年农业农村工作的总体要求是：按照保供增收惠民生、改革创新添活力的工作目标，加大农村改革力度、政策扶持力度、科技驱动力度，围绕现代农业建设，充分发挥农村基本经营制度的优越性，着力构建集约化、专业化、组织化、社会化相结合的新型农业经营体系，进一步解放和发展农村社会生产力，巩固和发展农业农村大好形势。

2014 年，中央一号文件提出，按照稳定政策、改革创新、持续发展的总要求，力争在体制机制创新上取得新突破，在现代农业发展上取得新成就，在社会主义新农村建设上取得新进展，为保持经济社会持续健康发展提供有力支撑。

2015 年，中央一号文件指出，主动适应经济发展新常态，按照稳粮增收、提质增效、创新驱动的总要求，继续全面深化农村改革，全面推进农村法治建设，推动新型工业化、信息化、城镇化和农业现代化同步发展，努力在提高粮食生产能力上挖掘新潜力，在优化农业结构上开辟新途径，在转变农业发展方式上寻求新突破，在促进农民增收上获得新成效，在建设新农村上迈出新步伐，为经济社会持续健康发展提供有力支撑。

2016年，中央一号文件从提高农业质量效益和竞争力、农业绿色发展、农村产业融合、城乡协调发展、农村发展内生动力等方面，推进农业供给侧结构性改革，加快转变农业发展方式，保持农业稳定发展和农民持续增收，走产出高效、产品安全、资源节约、环境友好的农业现代化道路，推动新型城镇化与新农村建设双轮驱动、互促共进，让广大农民平等参与现代化进程、共同分享现代化成果。

（六）农业供给侧结构性改革

2017年，中央一号文件强调与市场对接的农业供给侧结构性改革的推进，提出协调推进农业现代化与新型城镇化，以推进农业供给侧结构性改革为主线，围绕农业增效、农民增收、农村增绿，加强科技创新引领，加快结构调整步伐，加大农村改革力度，提高农业综合效益和竞争力，推动社会主义新农村建设取得新的进展，力争农村全面小康建设迈出更大步伐。

第二章　我国乡村振兴现状及解决策略

　　乡村振兴战略的实施是建立在对乡村原有发展脉络和现状问题通透了解基础之上的，因此，本章力求用翔实的数据对我国乡村近年来的发展线索与现状问题进行深入分析，以找到乡村发展问题的症结，提出乡村振兴实施的方向。

第一节　乡村发展的四条线索

一、产业线索：在城市与乡村间摆动的"工业化"

　　以 1978 年 12 月中共十一届三中全会为标志，乡村进入一个新的发展阶段。20 世纪 80 年代初期，我国农村经济体制改革走出第一步，实行家庭联产承包责任制，这将生产经营自主权还给农民，极大地调动了农民的积极性，也为农村就地发展非农产业提供了剩余劳动力。这一背景下，乡镇企业开始蓬勃发展，成为当时带动农村经济乃至国家经济发展的引擎。

　　总体来看，1984—1997 年，乡镇企业获得了爆发式发展，乡镇企业在中国农村遍地开花，经营范围以农产品加工、服装、纺织、酿酒等轻工业为主，同时涉及建筑、化工等重工业。据统计，乡镇企业工业增加值从 1984 年的 633 亿元增加到 1997 年的 18 914亿元，14 年间增加了将近 30 倍，其中 1984 年、1987 年、1992 年、1993 年的增长速度均超过了 50%；1996 年，农村工业化共提供了 1.3 亿个工作机会，占到农村就业的 1/3，农业剩余劳动力实现了"离土不离乡、进厂不进城"的转移。总之，在这一阶段，乡镇企业是我国工业发展的重要推动力量，在以国有企业为主导的双轨制经济体制下，成为市场轨道逻辑上的重要发展方向，乡村一度成为支撑国家经济发展的半壁江山。

20世纪90年代中后期，我国以市场为导向的改革步伐加大，集体所有制的限制、短缺经济的结束、民营经济的兴起使得乡村工业面临着越来越困难的发展局面。21世纪，以政府为主导的大城市战略的实施，使得社会资源向城市集中，工业也开始向重工业、高科技等方向转变，大中城市的工业园区、科技园区快速发展，工业企业开始向这些配套成熟、资源富集、具有产业发展优势的区域聚集。原来遍布乡村的小型工业、加工工业企业，在成本、规模、人才等不具备竞争优势的情况下走向衰落，一部分倒闭，另一部分改制。乡村在国家经济发展中的影响逐渐减弱，与城市的差距逐渐加大。

二、城市化线索：与工业化相伴而行的"城镇化"

随着工业化进程的推进，我国城镇化步伐开始加速，城镇化率从1978年的17.9%增加到2017年的58.2%，城乡结构发生了巨大变化。东部沿海地区率先开放，在政策优势、港口优势和"三来一补"企业贸易政策推动下，形成了大规模出口工业，吸引着大规模农业剩余劳动力。东部沿海地区1978年一二三产的产业构成为22.9：57.7：19.4，到2006年，已经演化为8：51.4：40.6。由原来"二一三"的产业格局向"二三一"转变，农业占比降到个位数。这一产业结构形态在乡村有非常明显的反映，原来的农田基本都盖起了厂房，农民的收入结构从农业经营收入转变为二三产业工资收入、财产性收入等多元结构，农民的生活习惯也呈现出"城市化"趋势，农村实质上已经成为泛城市化的形态。

东部经济发展到一定阶段后，由于人口红利的逐渐消失、资源成本的逐渐上升以及产业转型升级的压力，一些劳动密集型的产业开始从沿海向内地转移、从大城市向中心城市转移、从交通口岸型城市向资源型城市转移,从而为这些地区的城镇化提供了支撑。在城镇化成为主流模式的前提下,离城市较近的乡村获得了较快的发展,而相对远离城市群、城市核心区、枢纽区的一些乡村,并没有享受到城镇化的红利。

这一阶段的城镇化呈现出"离土又离乡、进厂又进城"的异地化特征,城市显现出了极强的虹吸效应,将农村的青壮年劳动力、人才吸引进来,读书进城、打工进城、移民进城构成了农民进城的三条主要线索。但是,一方面,由于城市缺少良好的城市规划、一流的基础设施、健全的公共服务结构,导致了"农民工"问题;另一方面,造成农村的空心化,加速了农村的衰落。

三、逆城镇化线索:城市与乡村的互动发展

随着人口、产业向城市聚集带来的快速发展,城市污染、交通拥堵、生态恶化等大城市病问题也随之产生,人们越来越偏向于绿色、自然、健康的生活方式,逆城镇化趋势开始出现。而依托优质的生态基础与绿色环境,乡村成为城市人口的主要流向地。

与发达国家"逆城镇化"出现在城镇化成熟期不同,我国的逆城镇化现象与城镇化进程相伴共生。有以下几个特点:一是由黄金周、周末游、城郊游带动的乡村旅游与度假养生。这一现象一开始仅是旅游活动引起的人口暂时流动,以观光为主,时间相对短暂。而随着休闲旅游逐渐成为主流,游客到乡村体验参与的需求日趋强烈,停留时间开始延长,一些游客乡居意愿强烈。而后,随着乡村度假养生的发展,长时间的乡居度假呈现规模化发展趋势,渐成潮流。二是城里人到乡村养老成为潮流。据统计,我国老年人口从 2000 年后不断增加,截至 2017 年,65 岁以上老年人口 15 831 万人,占总人口的 11.4%。而老

年人成群结队到气候宜人、生态良好的乡村养老已经成为一种时代趋势。三是城里人到乡村寻求田园生活方式，重新激发了乡村活力。随着有闲、有钱人群对创意生活、自由生活需求的增加，城里人开始到农村去寻找新的乡居生活。四是返乡创业农民及下乡创业创新人员，成为乡村发展的重要推动力量。在乡村政策不断利好的推动下，他们到乡村开发民宿、休闲农场、电商网购等创新业态，形成了乡村新的发展结构。据农业农村部调整数据显示，目前这一人口流动已超过 700 万人，且还在快速增加中。

截至 2017 年，我国乡村常住人口仍超过 5 亿人，占总人口比重的 41.5%。未来我国农村人口的城镇化需求与城市人口的逆城镇化需求将同时发酵，从而形成城乡要素双向流动的新格局，形成乡村与城市的互动发展结构。乡村也将在逆城镇化过程中，逐渐发展成独立的结构。

四、政府推动线索：多层面的乡村支持与发展

1982—1986 年，政府连续 5 年下发以"三农"为主题的一号文件，支持农业农村发展。2000 年前后，"三农"问题逐渐凸显，推进乡村发展的政策相继出台。综合来看，政府推动乡村发展的举措主要集中在三个方面。一是中央财政通过农业补贴、教育医疗补贴、贫困人口补贴等方式直接支持乡村发展，同时，中央财政预算关于农林水业务的支出也在逐年增加；二是通过基础设施建设为乡村提供发展基础，随着"村村通"工程的推进，大部分乡村实现了通路、通水、通电、通电话、通有线电视；三是通过政策引导对乡村形成一定补偿和支持，如新农村建设、美丽乡村建设、乡村扶贫，以及党的十九大提出的乡村振兴等，都为乡村导入资源、建立发展结构提供了极大支持。

诚然，这些年来，政府多维度的补贴和支持在乡村风貌、乡村基础设施建设、乡村扶持结构、扶贫等方面都发挥了重要

作用，来自市场的逆城镇化趋势，加上政府支持的乡村三产融合与乡村旅游，使乡村获得了新的发展力量，但乡村无论是在产业发展、现代化水平、基础设施等方面，还是在医疗、教育等社会服务方面，都没有缩小与城市的差距，也远没有形成与城市互动发展的条件与支撑。

第二节　乡村发展的八大问题

一、"空心村"现象严重

伴随着工业化的发展及新型城镇化的推进，在 2004 年前后，大量青壮年村民外出务工，导致乡村土地抛荒、宅基地闲置，农村人口主要为留守老人与儿童，乡村的社会结构、产业资源、公共服务等方面呈衰败景象，乡村失去了发展活力。据调查，空心村现象在全国绝大多数省份都存在，中西部偏远乡村尤为严重，在城镇化背景下，乡村"空心化"有加速扩延的趋势。这一现象严重危害我国经济社会的长远发展，并危及国家粮食安全。据统计，目前全国进城农民工已达 2.8 亿人，一些人口流出大省的乡村耕地抛荒比例接近 1/4。而根据第三次农业普查的结果，在农业经营人员中，35 岁以下人员仅占 19.2%，36~54 岁人员占 47.3%，55 岁及以上人员占 33.6%，未来随着不会种地也不愿种地的年轻人成为社会发展主体，"空心村"现象将愈演愈烈。

二、产业生产经营模式落后

近些年，政府虽然一直引导乡村产业升级和多样化经营，但我国大部分乡村的生产与经营模式还处于产业发展初期。

农业方面，很多乡村农业生产还存在"靠天吃饭"的现象，刀耕火耨的传统农业生产方式仍然存在。并且，农民种植作物品种单一，缺少农林牧副渔等多样化、规模化的生产结构。在经营模式上，乡村以农户经营为主，订单农业、"企业+合作社+农户"等模式的普及度不够，全产业链尚未形成。

工业方面，乡镇企业的生产经营模式粗放，技术含量低，难以适应消费升级，在供给侧结构性改革及生态治国的背景下，产能低下、污染严重的乡镇企业或破产、或关停，乡村工业发展缓慢。

旅游服务业方面，乡村旅游产业的快速发展极大带动了乡村经济的发展，但大多数乡村的旅游产业形式较为单一、缺少创意，服务水平参差不齐，难以形成一二三产业融合发展的产业链结构，需要转型升级。

三、基础设施与公共服务建设尚不完善

随着美丽乡村建设的推进，我国农村基础设施及公共服务已经得到极大改善，但由于投入资金不足、融资渠道不畅等原因，仍无法满足农村产业升级，农民提升生活质量的需求。

从 2015 年农村公共服务设施建设情况来看，农村自来水、有线电视、宽带等设施建设情况较好，垃圾及污水处理设施总量不足，仅有 14.2%的村庄建设有污水集中处理设施。

农村医疗方面，总体情况虽大为改善，但老区、边区及少数民族地区的情况并不理想。

从基础设施与公共服务设施的质量角度而言，乡村存在巨大提升空间。在道路方面，乡村道路前期建设标准低，后期养护困难，据测算，需要大中修的道路里程数约 100 万千米，占总里程的 1/4；在用电方面，农村用电成本也明显高于城镇，遇到恶劣天气，断电现象严重；在供水方面，集中供水比例仍较低，合格率有待提升，以沿海发达的广东省为例，生活饮用水水质合格率不到 90%；在医疗教育等公共服务方面，据中央人民广播电台中国乡村调查项目组发布的《中国农村公共服务现

状报告》显示，近七成农民在就诊大中病时，会首选到县级或更大规模的医院；在垃圾处理方面，超六成农民认为现有垃圾处理设施不能满足日常生活需要；在污水处理方面，74%的受访者表示所处村中没有修建污水处理设施和站点；在电商服务方面，约2/3的村民表示，村中没有电商服务站。以上因素使得乡村难以提供较高质量的人居环境，乡村发展受到制约。

四、乡村发展缺乏人才

乡村振兴需要大批人才，包括管理人才、农业专业技术人才、环保技术人才、设计人才、营销人才、教育人才、医疗人才、文化人才等。可以说，没有人才，投再多的钱、造再好的房子，也无法真正实现乡村振兴。从目前乡村的人才情况来看，高素质人才通过升学、专业人才及青壮年劳力通过务工方式单向流入城市，乡村呈现人才空巢的现象，这使得乡村发展缺少支撑，内生动力不足，乡村衰败的现状难以从根本上改善。

五、农村新的价值体系亟待搭建

在人口大规模流动，原有社会结构解体的现实背景下，乡村的价值体系受到冲击，传统的礼仪规范与"耕读传家"的价值观瓦解。乡村的年轻人不认同老一辈建立的社会秩序，宗族传统权威已被打破，"物质性"的价值观开始在乡村蔓延。从乡村的娱乐方式看，赌博和"买码"成为风气，在乡村，很多身强力壮的中青年或坐在牌桌前，或聚在一起谈论买码心得，梦想着一夜暴富；从乡村儿童教育看，父母外出打工，孩子随老人在乡村居住，老人更多的是照顾生活起居，缺少必要的家庭与社会教育意识。近些年，乡村孩子考上重点大学的比例越来越低，一方面是由于乡村教育资源远逊于城市，另一方面是乡村价值观的扭曲也拉大了城乡孩子素质水平的差距。

总之，"物质性"的价值观表现在乡村的方方面面，正在将乡村可能的重建力量推向未知的城市或不劳而获的虚妄中，乡村新的价值体系构建迫在眉睫。

六、农村面源污染严重

农村的面源污染主要有两个方面：一是农业面源污染。我国农药、化肥的使用量世界第一，化肥每公顷用量是世界平均用量的4倍，而每年180万吨农药用量的利用率不足30%，这造成了农药化肥在土壤、水体中的大量残留，严重影响了农村环境与食品安全；而畜禽粪便、秸秆、农膜等的大量使用，对农村的空气、水、环境等也造成了严重污染。二是生活污水、垃圾对乡村的污染。2016年，我国农村污水排放量达到202亿吨，而全国已建成污水处理设施并有效运行的不足10%，绝大多数的污水不经处理直接排放；垃圾方面，目前我国农村每年的垃圾产量约为1.5亿吨，处理率只有50%左右。这给乡村的生态环境、人居环境造成了严重危害，成为乡村振兴战略实施的拦路虎。

七、乡村治理体系不适应社会发展新需求

随着新型城镇化与乡村改革的不断推进，乡村在社会、经济、人口、文化等方面都发生了巨大变化，农民与村集体组织、村委的关系也与以往不同。传统的乡村治理有非常强的行政色彩，乡村政府服务意识不强，缺少以人为本的治理理念，乡村干部习惯于家长式的管理。同时，由于乡村治理人员本身素质不高，对新政策、新理念不能准确理解，在新技术应用方面存在困难，这就使得乡村治理模式难以与现代接轨，治理效率大大降低，中央农业政策在乡村的推进也大打折扣。低效的治理、行政化的管理都严重制约了乡村经济社会的发展，村民、村集体、村委的新型服务关系也难以建立。

八、"三农"融资困难

农村的发展，资金是基础，而融资困难一直是农村发展面临的巨大问题。我国农村融资渠道较为单一，主要为农村信用社等金融机构，资金供给严重不足。中国社会科学院发布的《"三农"互联网金融蓝皮书》显示，从 2014 年之后，我国"三农"金融缺口超过 3 亿元。为解决资金问题，虽然政府在中央一号文件中强调"引导互联网金融、移动金融在农村规范发展"，但随着投资总额的增加，"三农"投资金额并没有明显增长，据中国普惠金融研究院发布的《中国普惠金融发展报告（2016）》，服务于"三农"和小微企业的贷款仅为 8% 左右。同时由于涉农的小微企业与农民往往没有可以抵押的资产，且农业汇款的周期长、利润低、不确定性大，其向正规渠道贷款具有较大难度。据《"三农"互联网金融蓝皮书》的调查，农村只有 27% 的农户能从正规渠道获得贷款，超过 40% 有金融需求的农户难以获得贷款。资金的不到位严重阻碍了乡村发展的步伐。

第三节　乡村六大提升内容

乡村对年轻人的吸引力日渐衰减，乡村需要在社会、经济、文化、生态等各方面做出提升，以提高吸引力，缩小城乡差距，体现社会公平。

一、农业效益提升

农业是乡村的核心产业，但在市场环境下，农业与其他产业活动相比，投入大、产出低，成本高、收益低，一直无法形成对乡村发展的有力推动。习近平总书记指出，提高农业综合效益和竞争力，是当前和今后一段时期我国农业农村政策改革和完善的主要方向。因此，提升农业综合效益是乡村振兴的基础与发展动力。

农业效益的提升主要包括以下三个方面：一是经济效益的提升。传统的农业生产受自然环境制约，经营方式低效，这需要提升农业现代化水平，改变传统耕作方式，通过土地集约化生产经营，实现低收入高产出。同时，通过一二三产融合发展，延伸产业链条，增加农产品附加值，缩小农业与其他产业间的比较效益差距。二是社会效益的提升。以农业经济效益的提升为基础，乡村的社会结构、人口结构得到优化，乡村与城市形成稳定良好的互动发展结构。三是生态效益的提升。长期以来，我国大量使用农药化肥的农业生产方式不但严重破坏了土壤结构，而且也不符合现代人对食物绿色安全的需求。因此，应大力发展绿色农业，改善地力及乡村生态环境，提高农产品价值，以保障农业健康持续发展。

二、农民综合实力提升

农民是乡村发展的重要推动力量，农民收入的增加是城乡均等化发展的重要前提。而农民收入增加的根本在于农民综合实力的提升。主要包括以下三个方面：一是经济基础的提升。目前，农民的收入结构较为单一，主要为务农务工收入，应通过政策的不断深化，推动承包地、宅基地等财产权益的实现，进而增加农民的财产性收入，丰富其收入结构。二是知识与能力的提升。农民的知识结构较为单一，文化水平普遍不高，参与市场竞争的能力不足。需要政府通过政策引导、教育培训等方式，促进农民学习更多实用知识，提高就业技能，转变原有观念，与现代社会接轨。三是社会地位的提升。随着乡村振兴的逐步实现，农民的社会地位将得到根本性提升，新农民或是乡村居民将成为用现代科学技术武装的、以市场为导向的现代职业群体，成为人人羡慕的职业。

三、人居环境提升

改善农村人居环境,建设美丽宜居乡村,是实施乡村振兴战略的一项重要任务。乡村只有改变垃圾围村、工业污染"上山下乡"的现状,构建起整洁、优美的乡村环境,才可能对各方人才形成吸引力。

乡村人居环境的提升主要包括四个方面:一是废弃物处理能力的提升。全国绝大多数乡村没有生活垃圾、污水、粪便的处理设施及制度,农村的生活垃圾四处乱丢、生活污水四处排放,形成了垃圾山、污水沟,建立适合乡村现状的废弃物处理设施,全面提升乡村的废弃物处理能力已经迫在眉睫。二是村容村貌的提升。除铺道路、建路灯、整治乱堆乱放等硬环境外,更为关键的是乡村建筑风貌与乡土特色等软环境的延续。因此,村容村貌的提升应充分尊重原来村庄的建筑风貌与传统文化,突出乡土特色与地域民族特点。三是生态环境的提升。"看得见山,望得见水,记得住乡愁"是这一代都市人的梦想,但近年来,一些乡村的绿水、青山,以及蛙鸣鸟叫的生态系统遭到污染与破坏,乡村人居环境的提升需要重视乡村原有的山水格局,大力整治污染,构建良好的生态环境。四是管护长效机制的建立。从近几年的建设实际看,乡村存在运动式建设的现象,基础设施的建设、村容村貌的整治难以形成后续的跟踪维护与管理。相关部门应责任到人,并通过多种方式,调动村民积极性,最终形成乡村人居环境的长效管护机制。

四、公共服务水平提升

高质量的公共服务水平是体现美好乡村生活的重要指标。乡村想成为人们向往的居住之地、生活之所,就必须在教育、医疗、文化、科技等公共事业方面提供量与质兼具的服务。

乡村公共服务水平提升主要包括四个方面:一是公共服务

政策的完善。由于公共服务投入大、见效慢，基层乡村更倾向于推进能够短期出政绩的基础设施等公共产品的建设，这就使得乡村公共服务供给严重不足，亟须政府从基层考核制度、公共服务提供标准等政策层面推动乡村公共服务水平的提升。二是乡村教育水平的提升。近几年，随着城市对优质教育资源的虹吸效应，乡村与城市的教育水平有拉大的趋势，"寒门再难出贵子"成为社会普遍关心的问题，这就要求乡村在教育服务提供方面，狠抓质量，缩小城乡差距，以吸引更多人才在乡村安家。三是基本医疗服务的提升。与城市相比，农村基本医疗的差距主要体现在医疗投入、资源分布、医疗水平等几方面，农民看病难、看病贵的问题一直存在，这需要乡村在提高医疗服务总量的基础上，提高医疗设施投入，并通过住房、薪资等方式吸引更多优秀医疗人才下乡，以解决乡村医疗资源短缺问题。四是社会保障体系的健全。社会保障体系主要包括医疗保障、养老保障、失业保障。近几年，随着构建城乡一体化社会保障体系的呼声越来越高，在国家总方针的指引下，各地的乡村社会保障体系都有不同程度的改善，但乡村保障多为区县级统一管理，这使得地域差异性较大，绝大多数农村难从根本上解决医疗、养老等社会问题，乡村的保障体系需要在公平、持续性等方面进一步提升。

五、文化价值观提升

改革开放后，在市场经济大潮的推动下，乡村传统的文化价值观被年轻人抛弃，而新的现代文化价值观还未建立，乡村处于青黄不接的价值真空状态，而流行于城市的"物质化"价值观被外出的乡民带入乡村，在一定程度上阻碍了乡村精神文明的延续。

乡村文化价值观的提升主要包括两个方面：一是传统价值观的修复。乡村传统的价值观是数千年中华文明在乡村载体中的浓缩，定义了个人的社会责任，人与自然的关系、人与人的关系，乡村的互助保障系统等，即便从现代视角来看，很多内容仍具有学习、发扬的价值。因此，乡村文化价值观的提升应首先从传统价值观的修复与重塑开始，将乡村的"根"立稳，从本质上转变民风民俗，从孩童开始建立正确的价值观，并随着乡村制度的完善而不断完善。二是现代价值体系的建立。乡村的现代化不仅是物质的现代化，更是精神的现代化，需要乡村在传统文化价值观基础上，以现代理念构建文化价值体系，充分展示乡村的生态价值、生活价值，从而唤起乡村的活力，为乡村振兴战略提供保障。

六、治理水平提升

乡村是国家最基本的治理单元，改革开放后，由于城乡流动加剧，乡村在社会结构、人口构成、村民观念等方面都发生了巨大变化，而原有的一元化治理体系难以适应新的发展形势，乡村治理水平提升成为乡村发展的先决条件。党的十九大报告中进一步提出"推动社会治理重心向基层下移"，这将提速乡村治理的现代化进程。

乡村治理水平提升的核心是健全自治、法治、德治相结合的乡村治理体系。具体而言，一是加强自治组织能力建设。从现在的村民自治情况来看，由于村民对村干部并无实际的监督权，组织村民参政议政的过程流于形式，造成了村民对参与自治的冷淡，这需要加强村民自治能力培养，提高其自治意识，并通过政策引导自治组织在乡村治理中发挥积极作用。二是构建乡村基层政府、社会组织、自治组织、村民等广泛遵行的规范体系。经过多年的发展，乡镇政府、各类经济组织、村民构成等都发生了巨大变化，而多种力量间并没有明确的法律条文规定其权利与义务，造成了目前乡村治理的混乱与无序，亟须政府从规范体系角度改变现有一元化的治理结构，将多元的社会组织进行整合，以推进乡村治理的现代化建设。三是在乡村治理中融入德治。我国乡村熟人社会的基本特性并未根本改变，而在熟人社会，道德的规范发挥着不可替代的作用。因此，以道德内化村民精神，外化村民行为，将有效促进乡村治理。

　　总之，通过乡村各方面的提升，要实现的是让农业成为有奔头的产业，让农民成为有吸引力的职业，让农村成为安居乐业的美丽家园。

第三章　乡村振兴规划与行动纲领

第一节　乡村振兴规划方法

乡村振兴是一项关乎全局、着眼长期的历史任务，不是一个形象工程，也不是一个短期计划。习总书记提出，要推动乡村振兴健康有序进行，应规划先行、精准施策、分类推进。目前，《乡村振兴战略规划》由发改委牵头正在紧锣密鼓的制定中，"两会"期间，国家发改委相关负责人答记者问时明确表示，即将出台的《乡村振兴战略规划》围绕着农业全面升级、农村全面进步、农民全面发展，统筹提出了今后五年乡村在经济建设、政治建设、文化建设、社会建设、生态文明建设等方面的重点任务和政策措施。重点在构建乡村振兴新格局、推进乡村全面振兴、强化支撑和保障三个方面着力。

基于对乡村振兴的创新理解，基于人们对梦想田园宜居生活的追求，基于产业融合、产居融合的探索与实践，乡村振兴规划应该以市场化配置资源为决定要素，以产业为主导，以产居融合、产业融合为路径，打破传统镇村结构，形成一种创新的规划模式和结构，乡村振兴规划不应仅仅是战略规划，而是经济社会发展规划和区域建设总体规划的一体化规划，是多规合一的规划。

一、乡村振兴规划的制定基础：厘清五大关系

乡村振兴规划是一个指导未来 30 余年乡村发展的战略性规

划和软性规划，涵盖范围非常广泛，既需要从产业、人才、生态、文化、组织等方面进行创新，又需要统筹特色小镇、田园综合体、全域旅游、村庄等重大项目的实施。因此，乡村振兴规划的制定首先须厘清五大关系，即 20 字方针与五个振兴的关系；五个振兴之间的内在逻辑关系；特色小镇、田园综合体与乡村振兴的关系；全域旅游与乡村振兴的关系；城镇化与乡村振兴的关系。

（一）20 字方针与五个振兴的关系

产业兴旺、生态宜居、乡风文明、治理有效、生活富裕的 20 字方针是乡村振兴的目标，而习总书记提出的产业振兴、人才振兴、文化振兴、生态振兴、组织振兴是实现乡村振兴的战略逻辑，亦即 20 字乡村振兴目标的实现需要五个振兴的稳步推进。

乡村产业振兴需从三个方面着手：一是基于生态环境、农业生产与传统文化等开发基础，寻找特色优势条件，并基于此构建产业发展模式。二是构建以产业运营商、生产经营主体（企业）为核心的双孵化模式。三是构建完善的产业保障体系。包括社会化服务体系、金融服务体系、营销服务体系等。

乡村人才振兴要坚持"人才是孵化出来的，不是培训出来"的核心理念，大力解决人才需求与供给间的矛盾，着力孵化高端人才、创业的中坚骨干人才、农业企业人才与村干部、返乡农民工、科技创新人才等各类乡村振兴需要的人才。

乡村生态振兴的关键是循环农业的普及。循环农业在保护农业生态环境和充分利用高新技术的基础上，调整和优化农业生态系统内部结构及产业结构，实现清洁生产与提质增效的双重目标。此外，生态振兴还应在农业面源污染控制、农村污染防控治理等方面重点推进，有效实施。

乡村文化振兴的实现途径有三：一是地域文化、农耕文化、民俗文化的挖掘提炼；二是乡村文化在乡村旅游中的融合使用，这是文化振兴的关键；三是以文化推动地方品牌的构建，实现文化的经济价值与战略价值。

乡村组织振兴重点从两个方面推进：一是大力发展集体经济，解决乡村组织的资金问题，充分发挥乡村组织在乡村振兴中的带动作用；二是解决组织建设问题，这需要相关部门群策群力，锐意改革，协同推进。

（二）五个振兴之间的内在逻辑关系

产业振兴、人才振兴、文化振兴、组织振兴、生态振兴共同构成乡村振兴不可或缺的重要因素。其中，产业振兴是乡村振兴的核心与关键，而产业振兴的关键在人才，以产业振兴与人才振兴为核心，五个振兴间构成互为依托、相互作用的内在逻辑关系。

产业振兴是乡村振兴最重要的动力因素与经济保障。产业发展带来的就业机会，使得人才聚集成为可能，同时产业发展带来的经济提升，为生态改良、文化传承提供资金支持。而人才是产业振兴的关键，只有在引进外部专业人才、吸引返乡创业人才、提升农村现有人才水平三大措施的基础上，才能实现农村产业及社会发展的突破。生态振兴是产业可持续发展的关键，也为人才提供了宜居的生态环境。文化振兴既是提高产业附加值的重要手段，也是塑造乡村核心吸引力及软实力的关键。组织振兴则为产业、人才、生态、文化振兴的实施提供重要保障，并受益于此，不断实现自我完善，提高组织效率。

（三）特色小镇、田园综合体与乡村振兴的关系

2016 年住建部等三部委开展特色小镇培育工作，2017 年中央一号文件首次提出田园综合体概念，2018 年中央一号文件全面部署乡村振兴战略，它们之间的内在关系密切。从乡村建设角度而言，特色小镇是点，是解决"三农"问题的一个手段，其主旨在于壮大特色产业，激发乡村发展动能，形成城乡融合

发展格局；田园综合体是面，是充分调动乡村合作社与农民力量，对农业产业进行综合开发，构建以"农"为核心的乡村发展架构；乡村振兴则是在点、面建设基础上的统筹安排，是农业、农民、农村的全面振兴。

（四）全域旅游与乡村振兴的关系

从我国乡村发展条件及现状来看，"农业"与"旅游"是乡村振兴的两个重要切入点。以"旅游"为优势产业进行区域全方位优化提升的全域旅游是乡村振兴的有力抓手。全域旅游与乡村振兴同时涉及区域的经济、文化、生态、基础设施与公共服务设施等各方面的建设，通过"旅游+"建设模式，全域旅游在解决"三农"问题、拓展农业产业链、助力脱贫攻坚等方面发挥重要作用。此外，全域旅游在乡村产业升级、产品开发、品牌创新、设施完善等方面的建设，构筑了乡村的宜居环境及浓郁的文化氛围，使乡村能够满足人们对美好生活的追求，从而构建乡村振兴绿色生态的良性发展模式。

（五）城镇化与乡村振兴的关系

乡村振兴战略的提出，并不是要否定城镇化战略，相反，两者是在共生发展前提下的一种相互促进结构。首先，在城乡生产要素的双向流动下，城镇化的快速推进将对乡村振兴起到辐射带动作用。城市资本、人才、技术等生产要素的流入，将大大加速乡村振兴的步伐，同时，随着城镇化的不断推进，城市的基础设施与公共服务也必将向乡村延伸，从而提升乡村生活品质、实现乡村高质量发展。其次，乡村振兴成为解决城镇化发展问题的重要途径。在城镇化发展过程中，人口过度集聚、交通拥堵、环境污染等"城市病"问题日益突出，城镇布局不合理、城乡建设缺乏特色等问题逐渐显现，城市单极发展的模式亟需改革。乡村振兴战略以良好的生态环境为发展背景，"田园"特色为重要资源，通过产居融合的空间结构与现代梦想田园生活方式的构筑，将有效改善城乡二元结构。

二、乡村振兴的八大规划战略

第一，城乡融合发展战略。充分发挥市场在要素配置中的决定作用和政府在公共服务中的作用，推进城乡要素平等交换、合理配置，城乡居民基本权益平等化、基本公共服务均等化、产业发展融合化。

第二，农业产业发展战略。坚持一二三产业全面融合，加强农业结构调整，发展壮大优势特色产业，构建"接二连三"的农村全产业体系。

第三，优势品牌产品优化战略。立足资源优势，围绕区域优势主导品种和产业，打造一批优势农产品知名品牌。

第四，基础设施与公共服务设施优化战略。结合农业生产与居民生活，从空间布局、供给模式、融资模式、经营管理等方面，提升市政基础设施与公共服务配套设施建设。

第五，农村社区提升与布局优化战略。以社区化发展为目标，统筹考虑生产、生活、生态三大功能，就农村社区的布局原则、布局形式、建设标准、配套标准、实施时序等给出解决方案。

第六，农业农村信息化战略。在完善信息基础设施建设的基础上，推动信息技术与农业生产、农产品销售、农业政务管理、农业服务等的全面融合。

第七，社区治理体制战略。根据农村社会结构的新变化，健全自治、法治、德治相结合的乡村治理体系，实现治理体系和治理能力现代化。

第八，文化复兴战略。梳理乡村文化脉络，进行产业化、产品化、体验化打造，实现乡村文脉的传承与创新。

三、乡村振兴的"六化"手法

第一，科技化。科技化是促进乡村振兴实现的重要基础支撑。以技术升级促进农业产业发展，实现农业现代化；以科技发展，推动生物防控、污染治理、生态保护、文化保护与创新；以科技进步，助推基础设施与公共服务设施的智慧化、均等化。

第二，信息化。信息化是促进乡村跨越式发展的重要动力。借助互联网技术，促进农产品生产、加工、流通、营销及追溯，实现农业智慧化；借助互联网技术，打造常态化的远程教育、远程技术指导、远程医疗，实现资源在城乡之间的无缝对接；借助互联网技术，打造智慧出行、智慧社区服务、智慧养老等全方位智慧生活。

第三，旅游化。旅游是促进乡村发展的重要引擎之一。以旅游产业为引擎，延伸农业产业链，实现农旅融合发展；以旅游带来的消费聚集为基础，促进农业即农产品附加价值的提升；以旅游促进城乡之间的市场与要素流动，带来乡村基础设施、公共服务的提升，以及社会文明程度的提高。

第四，品牌化。品牌化是乡村实现内涵式发展的重要途径。以品牌建设，优化农业产业结构、提升农产品的质量水平和附加价值，满足不断升级的消费需求，同时塑造地方鲜明的形象。

第五，生态化。生态化是乡村实现可持续发展的标尺。统筹山水林田湖草，进行统一保护、统一修复，构建生态系统；针对农业产业，大力发展生态农业、绿色农业，提供安全绿色农产品；针对人居环境，加大整治力度，营造宜居环境。

第六，工艺价值化。工艺价值化是传承乡村文化及精准扶贫的重要手段。以传统工艺、本地化工艺等传承基础上的创新改进为手段，以匠人培育为重点，以市场化对接为通道，促进手工业的发展，实现工艺的经济价值与社会价值。

四、乡村振兴规划的体系构建

(一) 五位一体的规划体系

县域乡村振兴规划是涉及五个层次的一体化规划,即《县域乡村振兴战略规划》《县域乡村振兴总体规划》《乡/镇/聚集区(综合体)规划》《村庄规划》《乡村振兴重点项目规划》。

1. 县域乡村振兴战略规划

县域乡村振兴战略规划是发展规划,需要在进行现状调研与综合分析的基础上,就乡村振兴总体定位、生态保护与建设、产业发展、空间布局、居住社区布局、基础设施建设、公共服务设施建设、体制改革与治理、文化保护与传承、人才培训与创业孵化十大内容,从方向与目标上进行总体决策,不涉及细节指标。

县域乡村振兴战略规划应在新的城乡关系下,在把握国家城乡发展大势的基础上,从人口、产业的辩证关系着手,甄别乡村发展的关键问题,分析乡村发展的动力机制,构建乡村的产业体系,引导村庄合理进行空间布局,重构乡村发展体系,构筑乡村城乡融合的战略布局。

2. 县域乡村振兴总体规划

县域乡村振兴总体规划是与城镇体系规划衔接的,在战略规划指导下,落地到土地利用、基础设施、公共服务设施、空间布局与重大项目,而进行的一定期限的综合部署和具体安排。

在总体规划的分项规划之外,可以根据需要,编制覆盖全区域的农业产业规划、旅游产业规划、生态宜居规划等专项规划。此外,规划还应结合实际,选择具有综合带动作用的重大项目,从点到面布局乡村振兴。

3. 乡/镇/聚集区(综合体)规划

聚集区(综合体)为跨村庄的区域发展结构,包括田园综合体、现代农业产业园区、一二三产业融合先导区、产居融合发展区等。其规划体例与乡镇规划一致。

4. 村庄规划

村庄规划是以上层次规划为指导，对村庄发展提出总体思路，并具体到建设项目，是一种建设性规划。

5. 乡村振兴重点项目规划

重点项目是对乡村振兴中具有引导与带动作用的产业项目、产业融合项目、产居融合项目、现代居住项目的统一称呼，包括现代农业园、现代农业庄园、农业科技园、休闲农场、乡村旅游景区等。规划类型包括总体规划与详细规划。

（二）乡村振兴的规划内容

1. 综合分析

乡村振兴规划应针对城乡发展关系以及乡村发展现状，进行全面、细致、翔实的现场调研、访谈、资料搜集和整理、分析、总结，这是《规划》落地的基础。

"城市与乡村发展关系分析"包括空间格局分析、产业梯度分析、城乡发展机制分析、城乡生态空间分析、要素流动分析、市场流动分析、城乡文化分析等，为城乡融合发展的方向选择提供基础资料。

"乡村发展现状分析"以全面、详细的现场调研和访谈为基础，包括区位交通（地理区位、经济区位、旅游区位、交通分析）、产业发展现状（产业结构、产业规模、产业聚集程度等）、资源禀赋（自然资源、人文资源）、人口现状（人口构成、人口规模、人口流动趋向等）、村容村貌、土地利用、水系分布、地形地貌、人文风俗、基础设施与公共服务设施建设、乡村治理、政策体系、上位规划等进行全面分析。

2. 战略定位及发展目标

乡村振兴战略定位应在国家乡村振兴战略与区域城乡融合

发展的大格局下，运用系统性思维与顶层设计理念，通过乡村可适性原则，确定具体的主导战略、发展路径、发展模式、发展愿景等。而乡村振兴发展目标的制订，应在中央一号文件明确的乡村三阶段目标任务与时间节点基础上，依托现状条件，提出适于本地区发展的可行性目标。

3. 九大专项规划

产业规划：立足产业发展现状，充分考虑国际国内及区域经济发展态势，以现代农业三大体系构建为基础，以一二三产融合为目标，对当地三次产业的发展定位及发展战略、产业体系、空间布局、产业服务设施、实施方案等进行战略部署。

生态保护建设规划：统筹山水林田湖草生态系统，加强环境污染防治、资源有效利用、乡村人居环境综合整治、农业生态产品和服务供给，创新市场化多元化生态补偿机制，推进生态文明建设，提升生态环境保护能力。

空间布局及重点项目规划：以城乡融合、三产融合为原则，县域范围内构建新型"城—镇—乡—聚集区—村"发展及聚集结构，同时要形成一批重点项目，形成空间上的落点布局。

居住社区规划：以生态宜居为目标，结合产居融合发展路径，对乡镇、聚集区、村庄等居住结构进行整治与规划。

基础设施规划：以提升生产效率、方便人们生活为目标，对生产基础设施及生活基础设施的建设标准、配置方式、未来发展做出规划。

公共服务设施规划：以宜居生活为目标，积极推进城乡基本公共服务均等化，统筹安排行政管理、教育机构、文体科技、医疗保健、商业金融、社会福利、集贸市场等公共服务设施的布局和用地。

体制改革与乡村治理规划：以乡村新的人口结构为基础，遵循"市场化"与"人性化"原则，综合运用自治、德治、法治等治理方式，建立乡村社会保障体系、社区化服务结构等新型治理体制，满足不同乡村人口的需求。

人才培训与孵化规划：统筹乡村人才的供需结构，借助政策、资金、资源等的有效配置，引入外来人才、提升本地人才技能水平、培养职业农民、进行创业创新孵化，形成支撑乡村发展的良性人才结构。

文化传承与创新规划：遵循"保护中开发，在开发中保护"的原则，对乡村历史文化、传统文化、原生文化等进行以传承为目的的开发，在与文化创意、科技、新兴文化融合的基础上，实现对区域竞争力以及经济发展的促进作用。

4. 全面行动计划

首先，制度框架和政策体系基本形成，确定行动目标。其次，分解行动任务，包括深入推进农村土地综合整治，加快推进农业经营和产业体系建设，农村一二三产业融合提升，产业融合项目落地计划，农村人居环境整治等。同时制定政策支持、金融支持、土地支持等保障措施，最后安排近期工作。

第二节　乡村产业与乡村振兴

一、农村一二三产业融合发展模式及路径

党的十九大提出："促进农村一二三产业融合发展，支持和鼓励农民就业创业，拓宽增收渠道。"由此，乡村振兴必须加快构建现代农业产业体系，突破"乡村的产业就是农业""农业的功能就是提供农产品"的传统思维模式，在国家深化推进农业供给侧结构性改革背景下，加快转变农业发展方式，深入推进农村一二三产业融合发展。

（一）农村一二三产业融合的本质解读

仅仅依靠规模化生产提升农业附加价值，力度是有限的，

更核心的是要通过延长产业链和调整产业结构来实现。一二三产融合，恰恰就是通过二产与三产的导入，实现一产本身升级与产业综合发展效益的有效途径。绿维文旅认为，体验化、品牌化、原产地模式以及市场主体的充分参与，是突破原有产业发展瓶颈，形成较强产业盈利能力的重要手段。

1. 概念内涵

农村一二三产业融合，是以农业为基本依托，通过产业链条延伸、产业融合、技术渗透、体制创新等方式，将资本、技术及资源要素进行跨界集约化配置，使农业生产、农产品加工和销售、餐饮、休闲及其他服务业有机地整合在一起，形成新技术、新业态、新商业模式，拓宽农民增收渠道、构建现代农业产业体系，加快转变农业发展方式，达到一产、二产和三产的全面融合发展，进而实现农业强、农村美、农民富的目标。

2. 发展目标

2015年12月，国务院办公厅印发《关于推进农村一二三产业融合发展的指导意见》，提出了农村一二三产业融合的目标：到2020年，农村产业融合发展总体水平明显提升，产业链条完整、功能多样、业态丰富、利益联结紧密、产城融合更加协调的新格局基本形成，农业竞争力明显提高，农民收入持续增加，农村活力显著增强。

该意见还强调：着力构建农业与二三产业交叉融合的现代产业体系，促进农业增效、农民增收和农村繁荣。农业增效指构建现代农业产业体系，加快农业发展方式转型，提高农业综合竞争力。农民增收指农民收入持续增加，培育新型职业农民。农民参与二三产业，分享增值收益。农村繁荣指打造特色乡村，繁荣乡村文化，增强农村活力，形成城乡协调发展的新局面。

3. 产业融合的六大基本原则

第一，严守耕地保护红线。重点保护耕地数量、质量和生态等要素，提高农业综合生产能力，确保国家粮食安全。

第二，坚持因地制宜。处理好产业发展和生态保护的关系，推进生态社会文明建设，分类指导，探索不同地区、不同产业融合模式。

第三，保障农民利益。坚持尊重农民意愿，强化利益联结，保障农民获得合理的产业链增值收益。

第四，坚持市场导向。充分发挥市场配置资源的决定性作用，更好地发挥政府作用，营造良好的市场环境，加快培育市场主体。

第五，坚持改革创新。打破要素创新的瓶颈制约和体制机制障碍，激发融合发展活力。

第六，坚持农业现代化与新型城镇化相衔接。坚持农业现代化与新型城镇化、乡村建设协调推进，引导农村产业集聚发展。

（二）农村一二三产业融合的要素组成

农村一二三产业融合包括七大基本要素。

第一，特色农产品。特色农产品是产业融合的重要基础。产业融合应贯穿农产品育种、生产、管理、营销的全过程，依托农产品原产地、品种、生态环境、生产方式等方面的特色优势，形成产品附加价值。

第二，精深加工。以特色化的加工技艺为核心，包括特殊加工工艺、加工材质、文化传承、工匠精神等，形成非物质文化遗产、特色手工艺品等有文化内涵及工艺特色的加工产品。

第三，技术能力。导入新的科学技术，提升精深加工能力，提高农产品科技水平，从而提升加工产品的附加价值。

第四，文化创意。结合时尚、文化、创意等元素，提高产品的文化属性，从产品的包装、效果、体验和艺术价值等方面，塑造产品文化品牌。

第五，品牌营销。通过企业、电商、品牌营销和网络营销的方式，推广乡村农产品及加工品，促进体验升级，实现品牌化营销，塑造其品牌影响力。

第六，推广销售。利用多种推广和销售手段，实现规模化销售、合作社销售、大型企业带动以及企业加盟的销售，促进品牌化营销。

第七，体验化消费方式。通过旅游引导，使游客融入当地生活，参与农事生产和工艺品创造，从而实现体验化的消费方式。

（三）农村一二三产业融合的模式及路径

1. 产业融合的三大模式

（1）以一产为主导的"一二三"融合模式

以一产为主导的产业融合模式，往往以原产地的特色种养殖为依托，打破传统农业产业界限，通过农产品加工、传统手工制作等第二产业的发展及产业服务、休闲服务在研发、生产、营销环节的介入，延伸产业链，推进一二三产业融合发展，即由一产带动二产和三产发展，实现"特色种养殖→加工→商贸服务或服务体验（其中服务性体验除农产品外，还需要原产地的原生优质资源）"的全产业链融合发展。

另外，农产品（一产）与加工业（二产）的融合主要通过两个路径实现。一方面可依托企业进驻，实现现代机械化精深加工和循环利用，通过产销研产业链的延伸推动与三产（产业服务）的融合；另一方面通过传统技术人才进行手工制作，形成非遗、特色饮食、手工艺品、旅游纪念品等特色多样产品，发展体验式消费，推动与三产（休闲服务）的融合。

基于农产品（一产）的基本生产功能，利用生态环境、自然风景区等原生优质资源，也可直接推动观光、科普、体验、度假等服务业的发展，通过农业生产功能的拓展实现一二三产的融合。

（2）以二产加工为主导的一产、三产融合发展模式（"二三一"模式）

这里的二产不同于城镇化下以工业园区为主体的规模化、集约化发展的二产，而是依托农产品及特殊技艺的精深加工和手工制造。二产的发展，向上需要以一产为基础的原材料供给；向下需要配套性服务业（如仓储、运输、电商等）及支持性服务业（科技、信息、金融等）。对于依托特殊材质、特殊工艺、特殊人才的手工制造业来说，由于其独特的文化底蕴及价值，将实现与文创、旅游的高度融合，实现文化与技艺的传承。

（3）以三产为主导的"三二一"融合发展模式

①旅游引导的消费带动融合模式。旅游利用其聚集人气和促进消费的优势，通过旅游活动的开展、旅游购物的消费以及旅游服务的体验，形成以消费聚集为引导的一二三产融合模式。

由人流（尤其是城市消费群体）的导入，形成对农副产品及农产加工品的消费价值，进而带动产业的发展、品牌的形成以及农业的生态化与有机化升级，从而形成附加价值，产生利润，并由利润价值带动产业更大规模化发展，形成乡村可持续发展结构。由以消费为主导的三产，带动一二产的科技化、原产地化、小规模定制化发展，实现就地体验式消费，这一模式是三二一产业有效整合的路径，也是以市场为导向的科学途径。

②以科技手段带动的应用渗透型产业融合模式。科技作为推动产业发展的关键要素，其在产业促进和融合方面有着得天独厚的渗透优势。以科技应用带动的产业融合模式，往往是通过科技服务和科技应用转化来实现的。一方面，种植、品种优化等技术应用到农业生产，能提高一产（农产品）的科技含量和新产品的研发，同时通过技术推广服务来提高农民的整体技术素质；另一方面，依托加工技术和先进设施的应用，能推动二产的标准化加工水平，提高二产效率。充分发挥技术在一产、

二产中各环节的渗透、凝聚和组合作用，能促进农业综合价值逐步提升，模糊产业界限，推进三一二产业融合发展。

③以文化创意为核心的带动模式。该模式以种养殖及农产品为基础，以文化创意为核心，通过文创农产品种植、农产加工品的文创包装与加工，以及文创体验活动及节庆的导入，构建一二三产融合的发展模式。依托于丰富的农耕文化、多元化的市场消费，文化创意一方面可以提升产品的附加价值，重塑农业价值；另一方面可以拓展产业功能，衍生出休闲农业、主题农业、创意农业、民俗节庆、文创品牌等创新业态及产品。

④以电商物流为引领的服务带动模式。该模式主要以物流配送为核心，带动农产品的规模化生产、销售、服务以及加工企业的聚集和联动，构建完善的产业链体系，实现三产（服务业）带动一产和二产的融合发展。

电商物流服务往往需要借助云计算、互联网、O2O模式等科技手段，形成电子商务示范区、农业龙头企业、农产品批发市场等多个市场主体，并通过"政府+企业""龙头企业+农户""特色农产品+网络营销""电商助推脱贫"等多种模式，实现综合信息服务、产销一体化、商务智能、高效物流配送等综合性服务平台的建设，助推订单农业、精益生产，实现基于互联网及物流配送的一二三产业融合发展。

2. 产业融合的六大路径

绿维文旅认为，一二三产业的充分融合，可以通过六大路径来实现。

（1）与新型城镇化建设有机结合

推动农村产业融合与新型城镇化联动发展。一是引导农村二三产业向县城、重点乡镇及产业园区集中；二是发挥对人口集聚和城乡建设的带动作用，培育农产品加工、商贸物流等专业特色小镇。

（2）加快农业结构调整

以农牧结合、农林结合、循环发展为导向，调整优化农业种植养殖结构，发展高效、绿色农业；加强以高效益、新品种、新技术、新模式为主要内容的"一高三新"农业发展，以及一些传统资源、农业废弃物的综合利用，激发农业潜力。

（3）延伸农业产业链

通过农产品精深加工、冷链物流体系建设、优势产区批发市场建设等方式，实现农副产业与市场流通、存储的有机衔接，构建一二产与三产间的联系纽带，促进"农业+加工业""农业+服务业"融合，实现一二产、一三产、一二三产融合的目标。

（4）拓展农业多种功能

推动农业与旅游、教育、文化等产业深入融合，实现农业从生产向生态、生活功能拓展；大力发展休闲农业、乡村旅游、创意农业、农耕体验及乡村手工艺等，使之成为繁荣农村、富裕农民的新兴支柱产业。

（5）大力发展农业新型业态

发展农村新型创意业态，包括休闲观光、体验农业、养生养老、创意农业等旅游业态，优质林果、设施蔬菜、草食畜牧、中药材种植等特色业态，农村电商、农产品定制等"互联网+"等新业态，促进"加工业+服务业""农业+加工业+服务业"融合，实现一二三产融合发展。

（6）引导产业集聚发展

依托一二三产在空间上的叠合发展，构建"建设种植基地→农产品加工制作→仓储智能管理→市场营销体系"全产业链发展模式，通过在农产品生产优势区域发展加工和流通园区，配套相应的科研、培训、信息等平台，形成生产、加工、流通一体化的融合形式，实现一二三产融合发展。

二、乡村：现代田园生活方式的主场

随着城市生活节奏的不断加快，越来越多的城市居民产生了回归田园、追求内心宁静的精神需求。乡村地区拥有旖旎的田园风光、浓郁的乡土文化和原生态的生产生活方式，与城市嘈杂喧嚣的生活形成鲜明对比，是体验现代田园生活方式的最佳场所，成为城市居民休闲度假、亲近自然的理想目的地。

2018 年中央一号文件对乡村振兴做出了总的部署，生态宜居是其中的核心内容之一：到 2020 年，农村基础设施建设深入推进，农村人居环境明显改善，美丽宜居乡村建设扎实推进；到 2035 年，农村生态环境根本好转，美丽宜居乡村基本实现；到 2050 年，农村美全面实现。生态宜居是"农村美"的重要表现，山水林田湖草的生态系统、生态补偿机制、农业生态的产品和服务、农村突出环境问题的整治，构成了未来乡村宜居发展的路径和渠道。可以说，乡村振兴的目标，本质上就是实现和谐发展的乡村生活方式，未来乡村的发展核心，是构建呈现现代化田园生活方式的产居融合综合区。

（一）乡村将成为人们"心灵的栖息地"

新田园主义理念源于霍华德田园城市理论中"以人为主体、城乡一体化、推行社会改革"的理论体系，这一理念在乡村规划、乡村产业、乡村文化、乡村建筑等多方面提出主张，关注人与环境、社区等主体之间的相互关系，要求人们主动掌握环境、经济、社会的规律，鼓励人们践行乡村可持续发展理念。而在中国传统文化的影响下，每个人也都有一个田园生活梦。中西文化各自支撑下的田园梦，反映了世界范围内人们对理想生活方式的普遍追求。由此可以判断，逆城镇化趋势下，人们对田园的、绿色的生活方式的渴求，将是中国农村未来发展的最大推动力。乡村振兴战略下，乡村发展目标是对健康生态田园生活方式的追求，更是对乡愁、乡情、乡韵情怀的向往。

结合新田园主义理念，乡村建设要在以农为本的基础上，依托优越的生态自然条件，融合特色田园风格元素，打造具有田园风情的建筑景观。倡导低碳生活，引入康体养生配套设施，以原生态的田园休闲度假理念，打造人们"心灵的栖息地"。

（二）塑造现代化乡村之"形""神""魂"

乡村宜居绝对不仅仅是居住环境的提升，而是生活条件的全面提升，是生活与生态结合的完整体系的构建。首先，田园居住、生态宜居与产业发展极度关联。如果没有产业做后盾，城市人到乡村，只是将村民的住房变为城市人的别墅，那将是违背社会发展规律的。美国的郊区别墅化，并不适合我国乡村的发展路径。只有结合了现代产业、多样化居住（旅居、养老居住、休闲居住）、农创、文创等产居一体化的发展结构，才是生态宜居的核心。

以产居融合为基础，现代化乡村的美体现在形——生态环境之美、神——传统文化之美、魂——现代生活之美三个层面，需要软件、硬件的双提升来支撑。其中，硬件提升的核心在于供水、供电、网络通信、垃圾处理、道路交通等可提高生活水平的基础设施的建设，以及图书馆、健身器材、公共绿地等可彰显生活品质的公共服务设施的建设上；软件提升的关键则在社会治安、社会文化、社区治理等软性管理与服务的提供上。两者根植于乡村，适用于现代化的乡村产业发展及生活需求，互相促进，共同勾勒出一幅乡村现代化的美好蓝图。

1. 乡村之"形"——乡村的环境之美

环境美是实现乡村美的基础形态条件，是乡村环境整治的核心内容，主要包括乡村空间重构、建筑风貌改造、基础设施提升、村景美化、夜景亮化等。

（1）乡村空间重构

乡村空间分为生产空间、生活空间、交流空间、信仰空间、商业空间等类型，与人们的生产生活密切相关。乡村空间的高品质打造，既为村庄居民提供了良好的生活环境，也结合了乡村景观小品的设计打造，为乡村旅游、休闲农业、健康养生等第三产业的发展，塑造了宜人的环境基础。

（2）建筑风貌改造

乡村建筑风格迥异，在环境整治中，要对村庄建筑质量进行整合、评估，对不符合住房要求的建筑进行整顿、重建。乡村独具特色的建筑风格，不仅能够展现当地文化特色，还能成为乡村吸引游客度假观光的重要资源。

（3）基础设施提升

乡村的基础设施建设主要包括生活设施、生态设施和生产性设施，基础设施配套的推进，要以居民的生产生活为根本，以第三产业发展为动力，两者相互促进，形成协同作用，进一步推动乡村配套与旅游业的发展。

（4）村景美化

村内街道两侧、房前屋后要统一栽植观赏或经济树木、花草，统一挂置花草盆景。对村内主街道两侧的墙壁实施美化，统一规范广告的绘制、悬挂和张贴，绘制文化墙、宣传标语和公共标志。

（5）夜景亮化

夜景亮化工程是对乡村整体环境风貌的进一步升级，通过改造线杆、路灯等亮化设施，完善村内主街道夜晚照明，在合适区域，配合景观，形成夜间活动聚集场所，并对现有的照明设备进行节能改造，以节约成本。

2. 乡村之"神"——乡村的文化之美

文化之美是乡村美的精神内涵，打造乡村的文化之美，要在树立文明、法治民风的基础上，深入挖掘当地特色的历史文化，并结合农业节庆、非遗博览会、乡村庙会、乡村运动会等演艺活动，"活化"文化。如举办农业节庆、非遗博览会、乡村庙会、乡村运动会等。文化的活化激活了乡村的旅游产业，而旅游搬运来的人群又带来消费需求和购买力，进而促进传统文化、农村文化、农耕文化的传承、发展、保护。

（1）增强法律宣传，建设文明乡村

增强农村地区法制宣传教育水平，提高农民法律意识和权利意识，提升村民道德思想境界，这不仅有利于乡村良好风气的形成，同时还开阔了村民视野，有利于进一步推进农村现代化。

（2）完善文化设施，关注精神需求

在乡村经济发展的同时，需要关注村民的精神需求。在村庄内设立图书馆、活动中心、文化交流中心等场所，一方面能够丰富村民的闲暇业余生活，另一方面可以提升村民文化素养，为创造和谐乡村奠定文明基础。

（3）挖掘地方文化，展现文化底蕴

在展现农耕文化的同时，相关部门还应充分挖掘当地特色历史文化，对乡村物质文化遗产进行保护，对非物质文化遗产及即将消失的手工艺、民间艺术进行传承与弘扬，并结合旅游等第三产业的发展，借助现代科技、演艺活动等手段，让文化以崭新的形态融入人们日常生活，增强地方文化自信。

3. 乡村之"魂"——乡村的生活之美

乡村的生活之美是乡村美的灵魂，乡村建设的一切工作，最终目的都是要提升乡村的生活品质。乡村营造田园生活氛围具有天然的优势，具体而言，主要体现在以下三个方面：一是依托农耕文化、乡愁文化和民俗文化，围绕田园建筑景观，营造"最原味"的乡土田园生活场景；二是在完善休闲配套和娱乐配套设施，结合养生康体生活方式的基础上，提供"最闲适"

的慢生活体验；三是可基于优越的生态自然环境，从餐饮、交通、休闲等多方面，打造"最绿色"的田园人居生活。

（1）"最原味"的乡土田园生活

田园景观和田园文化是乡土田园生活场景的重要组成部分。田园景观是以田园为载体，依托农作物或者农业生产活动，将田地、道路、房屋等从美学的角度合理组合，形成特色田园风光。在乡村规划中，从现代景观生态学的视角，利用"田地艺术"打造手法，通过对自然地理气候、乡村地势地貌、乡土生产性景观作物及民俗器具等的统一把握，营造富有造型的、具有震撼性的乡野大地景观，表现出田园景观中最具魅力的层面。在建筑形态上，以乡土地区的本土建筑为原型，融入我国建筑文化的精华元素，适当添加现代建筑符号，凸显本土文化，创新设计出"田园民居"。在食品安全上，依托乡村良好的生态环境，积极治理污染，降低农药化肥的利用，改善土地性状，大力推广绿色、有机循环种植、养殖业发展，为居民提供安全、原味、生态、绿色的有机食品。

乡村的田园文化包含农耕文化、民俗文化、历史文化等丰富多样的内容，是历史传承多年的文脉积淀。通过"泛博物馆"手法，将这些静态散落着的田园文化加以整合，通过主题游乐和互动化体验参与的方式，在开放的空间展示给大众，可形成新的游憩方式和商业业态，并有效促进田园文化底蕴的传播与延续。

在充满田园特色风情的景观环境中感受乡土文化，在田园文化的熏陶下欣赏和认知田园景观，文化与景观的相互融合和渗透，营造出"最原味"的乡土田园生活场景，对改善乡村风貌、发展乡村旅游有着极大的推动作用。

（2）"最闲适"的慢生活体验

乡村良好的自然环境和生态的劳作方式，为开展田园养生提供了良好的条件，康体养生与休闲农业相结合，赋予了乡村经济新动能。田园养生是一种闲适的慢生活体验，依托乡村的资源禀赋，在田园中参与农耕农作，以达到回归自然、修身养性的目的。

作为休闲农业的高阶形态，田园养生度假不仅要有优越的生态环境作为基本保障，还需要提供必要的休闲娱乐配套和康体保健服务。在乡村这一载体中，将田园、村庄和自然三者相互融合，将度假区建设到非农耕区，营造"与世隔绝"的意境。在乡村的配套设施建设和建筑设计中，尽可能地减少人为改造，以体现乡村的原真性与自然性。将农耕农作与康体养生相结合，不仅能够增加农产品附加值，还能够让人们从中体会到回归自然的乐趣。以采茶为例，在采茶活动中，传播茶文化、教授养生茶道，将劳作作为一种生活方式，是田园养生度假中的重要环节。

由此可见，乡村拥有提供"最闲适"慢生活体验的丰富资源，发展田园养生，通过休闲娱乐设施、康体养生设施与田园景观、劳作、物产、文化的融合，可有效实现乡村田园休闲度假项目价值的提升。

（3）"最绿色"的田园人居生活

乡村与绿色有着密不可分的联系。乡村地区一般远离闹市，拥有较高的森林覆盖率，绿水青山的生态环境是优质田园生活的基本保障。绿色餐饮是现代田园生活的基础需求，乡村作为农产品的原产地，能够提供纯天然无污染的健康食品。此外，乡村地区保留了农耕文化的人与自然和谐统一理念，人们崇尚精耕细作、合作包容，内敛式自给自足的生活方式与现代社会提倡的环保低碳理念不谋而合。

乡村的绿色发展方式和生活方式是吸引人们体验田园生活的关键因素，注重环境保护和生态系统建设，是在乡村振兴战略下发展经济的首要前提。发展生态农业，是乡村绿色建设的产业支撑；倡导低碳环保的生活方式，是践行生态文明的具体措施。只有在乡村绿色发展结构的规划下，才能在经济发展的同时，不打破自然生态系统，保证乡村的原真性，实现"最绿色"田园人居生活的独特体验。

（4）"最人性"的乡村社区治理

人性化乡村社区治理的关键是在保证治安的基础上，治理模式从管理型向服务型转变。一是搭建交流活动平台。通过活动中心、社区图书馆公共活动空间的搭建，以及社区联谊、社区交流活动的举办，为社区居民提供交流的场所与机会。二是成立社区自主管理组织。各类人才的下乡重塑了乡村社区居民的结构，新乡民有能力、也有需求建立自主的管理组织，来提升生活的便利度，构建心中的梦想家园。三是提供个性化的便民服务。针对社区婴幼儿看管、照顾老人、课业辅导等不同的需求，可以通过志愿者或有偿服务等方式，解决社区居民的不同生活需求。总之，乡村社区治理需要始终不忘"服务"宗旨，为社区居民提供优美的生活环境、温馨的生活氛围及贴心的服务内容。

（三）旅游将推动现代乡村生活方式的塑造

1. 乡村旅游实现多产业、多业态的交融

历史上传统田园生活倡导的是自治、自给自足、自由迁徙，男耕女织、日出而作日落而息的生活方式，遵循自然规律是其基本特征。这种基于农耕文化形成的生活方式，沿袭至今保留了安逸、清静、闲适的生活形态，这是与城市生活的本质差异，也是田园生活吸引游客的关键所在。在政策和市场的驱动下，现代田园生活不仅需要满足人们对绿水青山和回归自然的向往，还需要满足游客康体养生、乡风民俗体验、休闲农业娱乐等多方面需求。乡村旅游的兴起，聚集和整合了丰富的产业链，为现代田园生活带来了多层次的特色体验。

在乡村美食方面，以原生态农产品为原料，制作乡村美食，开发糕点制作、干菜制作、腌制品制作等农家体验产品，打造"舌尖上的田园生活"。在乡村观光方面，以乡村农舍、园艺场地、绿化地带等景观开发乡村观光产品，同时拉动观光车、观光船等观光交通业发展，满足田园生活的休闲娱乐需求。在乡土乡情方面，挖掘乡村民俗文化和风土人情，打造乡村博物馆、民间工艺馆、民俗体验基地、乡村旅游嘉年华、乡村音乐会等体验项目，将田园与文化艺术相融合，满足游客对现代田园生活的精神文化体验需求。在乡间度假方面，建造乡村会所、庄园，完善养生养老配套，拓展娱乐活动空间，结合高端度假产业、健康产业和娱乐产业，促进现代田园生活品质的提高。

2. 乡村旅游塑造"以人为本、宜居宜业"的新形象

我国乡村治理处于国家治理体系的末端，在基础设施和公共服务设施配套、监督管理体制完善程度和村民环保意识等诸多方面，与城市标准都相距甚远。发展乡村旅游在很大程度上弥补了乡村治理中的设施不足和机制缺陷，通过吸引旅游产业链上各领域企业聚集，为乡村发展提供必要的服务设施配套，并从景观设计的角度改善乡村整体风貌，从而提高人居生活品质。乡村旅游的就业带动功能，让村民切实享受到乡村发展的福利，能够唤起他们的主人翁意识，唤起他们对于乡村的归属感，从而自觉地提高环保意识，为建设宜居宜业家园贡献力量。

旅游者的需求具有多变性和灵活性的特点，为了吸引更多的游客，乡村旅游产品应不断更迭，对于不同年龄、不同文化背景、不同地区的游客，推出小众化、个性化、定制化的产品。此外，乡村旅游具有天然的生态属性，为游客提供贴近自然、与自然和谐相处的精神感受，将生态文明和文化旅游深度融合，强调"天人合一"的可持续发展。因此，发展乡村旅游不仅是为旅游者服务，还是为自然服务，这是"以人为本"更高层次的体现。

3. 乡村旅游促进城乡互动，提升田园生活品质

乡村旅游是实现城乡良性互动、错位发展的重要环节，有助于城乡产业、文化、客源等资源的相互流通和整合。城市向乡村延伸，为乡村发展带来了商机，带动产业结构的持续优化，推动以现代农业为基础的一二三产业融合发展。乡村经济实力不断增强，为乡村旅游的健康持续发展奠定了坚实的基础，促进乡村地区硬件设施的完善和软件服务水平的提高，从而带动田园生活品质的提升。

乡村向城市靠拢，一方面指的是乡村人口进入城市感受现代文明，城市与乡村互为目的地和客源地；另一方面指的是乡村人口在城市中体验生产和生活方式的互换后，将先进的技术和理念带回乡村，融入乡村旅游的发展中，为现代田园生活注入新的体验。例如，为了迎合休闲度假游客的视觉审美需求，对农副产品包装进行精心设计，用精美的果篮、包装盒提升产品的整体形象；在乡村餐饮制作中，在保证口感的前提下，注重食材色彩搭配和摆盘，均衡营养，以此获得田园生活体验者的青睐。

综上所述，发展乡村旅游，可以优化农村经济产业结构，拓展农业产业链，增加农副产品附加值，完善乡村地区基础设施和公共服务设施建设，改善人居环境，延续和传承优秀的民俗文化，促进乡村地区社会经济效益的综合提升。因此，乡村旅游是升级现代田园生活体验的重要载体和手段，能够为现代田园生活注入源源不断的活力。

第三节　乡村振兴呼唤新乡贤*

在城镇化进程中，精英人才外流成为制约乡村发展的重要

＊　国家发展与改革委员会城市和小城镇改革发展中心副主任　乔润令

阻碍。中国现行的乡村治理结构需要新乡贤下乡，通过乡村振兴战略重振乡村经济和社会文化。乡村振兴为新乡贤提供了理想的发展空间，新乡贤是乡村问题的解决者和乡村发展的引领者。

一、乡贤是传统乡村的灵魂人物

在我们古代"皇权不下县"的背景下，乡贤是传统乡村的灵魂人物，特别是明清时代宋以后。他们有功名、有财产、有文化、有地位、有道德形象、有名望，是乡村道德习俗、乡村文化传承的守望者，是乡村秩序的维护者，是提供乡村公共产品的召集人，是乡村亚文化的解释者，是乡村非正规权力的拥有者，在维护乡村稳定、传承乡愁文化、弘扬乡土精神方面，发挥了积极作用。乡贤重视教育，培养出一大批中西文化融于一身的跨时代社会精英，如梁启超、胡适、林语堂、蔡元培等。

除此之外，乡贤对于传统乡村还有着其他贡献：他们尊重传统，是传统家庭关系、伦理文化传承的维护者；他们追求楹联、诗词，注重历史文化传承，并留下了充满文化底蕴、能够代表中国文明的建筑，如福州三坊七巷、浙江乌镇、山西乔家大院、江苏周庄、云南丽江等；乡贤的存在，使皇权不下县成为可能，使得乡村治理的成本降到最低。

二、乡村建设需要新乡贤

百年来，随着传统社会的解体，乡贤制度消失，乡村逐步衰败，中国进入了新时代，逐步形成城乡二元结构。城市导向的政策体制，使得乡村资源单向流入城市，经济发展相对落后，公共服务严重缺失，发展机会远少于城市，经济收入远低于城市。乡村的社会评价整体上低于城市，乡村深深地陷入了身份自我否定、文化逐渐衰败、传统道德沦丧的困境。此外，乡村社会精英单向外流，青壮年人群长期外出打工，使得相当一部分乡村沦为"空心村"。

中国现行的二元乡村治理结构亟待改变，这就需要一批似于传统乡村的乡贤角色、又具有现代社会身份（如文化、财富等）的人群下乡。2010 年以后，新乡贤的产生拥有了基础条件，那就是中国开始形成城乡要素双向流动的新格局，打工农民返乡创业，大规模的城市资本、人才开始下乡，大规模的城市消费以文旅、康养、到乡村寻求第三居所的方式进入乡村，有人称为"新上山下乡运动"。拥有城市资本、人才、技术、有情怀的新乡贤下乡，通过特色小镇、田园综合体建设，重振乡村文化、经济和社会。

三、政策支持民营资本、企业家下乡

近年来，国家出台大量政策，全方位支持民营资本、企业家下乡，投资建设社会主义新农村。政策支持农村发展文旅、康养、文创等产业，鼓励发展休闲农业、乡村旅游、民俗风情旅游、传统手工艺、文化创意、养生养老、中央厨房、农村绿化美化、农村物业管理等新业态、新模式。同时，政策支持农村土地改革，为城市资本下乡创造条件，鼓励和引导返乡、下乡人员按照法律法规和政策规定，通过承包、租赁、入股、合作等多种形式，创办领办家庭农场、林场、农民合作社、农业企业、农业社会化服务组织等新型农业经营主体；支持返乡、下乡人员与农村集体经济组织共建农业物流仓储等设施。

目前，城市的各类生产要素已经市场化，可以自由进入市场，而农村的所有要素资源尚不能自由进入市场。农村土地、宅基地、房产、山川池塘以及土地经营权、宅基地使用权、集体经营性建设用地的受益权都不可抵押、担保融资，不能转让给城里人。中央、国务院的政策为民营资本下乡投资发展乡村提供了重要的法律和政策基础，为民营资本投入乡村振兴建设提供了一个稳定的预期。

四、乡村振兴为新乡贤提供广阔的发展空间

（一）乡村为新乡贤带来更大的发展机遇

新乡贤拥有一定的知识、技术及资源积累，受到城市文明的洗礼，拥有先进的理念。在乡村振兴过程中，面临着产业发展、服务提供、文化生活营造、休闲度假供给等众多机遇。尤其是未来，乡村的田园生活方式将成为中国人尤其是中产阶级养老、度假的主场，有文化、有品位、有特点的项目及产品将面临良好的发展机遇。乡贤在这方面有着独特的优势。

（二）乡村拥有成就新乡贤的合适土壤

新农村的乡土、文化、精神、生态价值是成就新乡贤的合适土壤。田园生活是中国人的精神归宿，乡村保留书香弥漫和亲近自然的乡土情调，拥有浓浓的人情味，这是其精神价值所在。纵观欧美国家的乡村，其价值并不以种植粮食衡量，而是更多地注重文化价值的体现。我国乡村未来的发展，也不仅仅是以农业生产为主，弘扬根植于乡村中的文化价值和精神价值，为有情怀的返乡青年、企业家提供文化平台，将成为主要方向之一。因此，乡村振兴背景下发展起来的乡村，是成就新乡贤的最佳土壤。

（三）乡村治理为新乡贤提供发展平台

2018年中央一号文件指出，在深化村民自治实践中，要积极发挥新乡贤作用。新乡贤大多具有一定的社会地位，视野开阔，怀着反哺家乡的初衷携技回乡，为乡村的发展带来新思维、新技术。在乡村治理中，要充分发挥新乡贤的作用，为基层治理增添新的活力。除此之外，要大力弘扬乡贤文化，增强村民的认同感和荣誉感，这有助于村民主动参与到乡村治理中，并吸引和聚集其他成功的社会人士，共同为乡村建设出谋划策。

在乡村建设中，要充分认识新乡贤对现代乡村治理的积极

作用，鼓励和吸引新乡贤参与共建。这样不但能够逐步改善乡村经济、社会、生态文明等方面的现状，还能以新乡贤文化重塑厚植于乡村社会的道德规范和文明乡风。

第四节　土地与乡村振兴

一、我国乡村土地改革政策解析

农业是我国经济的基础，土地制度是农村经济制度的根基。农村土地制度的变迁与发展，不仅关系到农业现代化的有效推进，还对整个社会经济的发展具有举足轻重的作用。近几年，我国农村土地改革从土地确权到经营权流转，再到所有权、承包权、经营权的三权分置，以及"农村土地征收、集体经营性建设用地入市、宅基地制度改革试点"的三块地改革实践，在发展中取得了瞩目的成效。在乡村振兴战略的背景下，农村土地制度改革为"三农"问题的解决提供了基础保障。

近年来，随着乡村建设的推进，国家在农业现代化、智慧农业、土地政策、扶贫攻坚、农业旅游、金融支持等多方面都发布了一系列政策。而土地政策是持续性最强，对乡村改革影响最大的政策。可以说，一切乡村发展路径都离不开土地政策的支持，土地政策的改革将加快乡村振兴的步伐。

农村土地制度的改革坚持三条底线，即土地公有制性质不改变、耕地红线不突破、农民利益不受损。目前，土地改革的重要内容主要包括四个方面：农村土地承包经营权改革、农村宅基地制度改革、农村土地征收制度改革与农村集体经营性建设制度改革。

（一）严格保护农户承包权，加快放活土地经营权

农村土地承包经营权改革的基础是土地确权，2011 年国土资源部、中央农村工作领导小组办公室、财政部、农业部联合

下发《关于农村集体土地确权登记发证的若干意见》，首次从国家层面提出土地确权。2014 年，我国开始为承包地确权颁证，截至 2017 年年底，农村已经有 82% 的承包地完成确权，并计划到 2018 年，农村土地确权全面完成。

在农村土地确权基础上，2016 年 10 月，中共中央办公厅国务院办公厅印发《关于完善农村土地所有权承包权经营权分置办法的意见》，明确农村土地所有权、承包权、经营权的三权分置格局。指出承包农户有权通过转让、互换、出租（转包）、入股或其他方式流转承包地并获得收益，有权依法依规就承包土地经营权设定抵押、自愿有偿退出承包地。

党的十九大报告中，进一步明确"保持土地承包关系稳定并长久不变，第二轮土地承包到期后再延长三十年"，这必将带来农村土地的规模化流转，使土地流转进入新时代。2017 年 12 月召开的中央农村工作会议，对农村土地制度改革提出了新要求。会议指出，要坚持农村土体所有，坚持家庭经营基础性地位，坚持稳定土地承包关系，壮大集体经济，建立符合市场经济要求的集体经济运行机制，确保集体资产保值增值，确保农民受益。会议强调，落实农村土地承包关系稳定并长久不变政策，衔接落实好第二轮土地承包到期后再延长 30 年的政策，完善承包地"三权分置"制度，完善农民闲置宅基地和闲置农房政策，深入推进农村集体产权制度改革。

（二）保障农户宅基地用益物权

2014 年《关于农村土地征收、集体经营性建设用地入市、宅基地制度改革试点工作的意见》发布，标志着我国"三块地改革"正式进入试点阶段。在宅基地制度改革方面，文件明确，探索农民住房保障在不同区域户有所居的多种实现形式；对因历史原因形成超标准占用宅基地和一户多宅等情况，探索实行有偿使用；探索进城落户农民在本集体经济组织内部自愿有偿退出或转让宅基地，并明确兼顾不同发展阶段和模式的试点选择原则。2015 年国土资源部批准了 15 个县（市）作为农村宅基地制度改革试点，推行集体土地的改革方案。

此后，农村宅基地改革不断加速，这些政策在保障农户宅基地用益物权的基础上，加速了农村宅基地的改革进程。2016 年中央一号文件提出要加快推进农村宅基地使用权确权登记颁证工作。2017 年中央一号文件提出，全面加快"房地一体"的农村宅基地和集体建设用地确权登记颁证工作，探索农村集体组织以出租、合作等方式盘活利用空闲农房及宅基地，增加农民财产性收入。

2017 年是宅基地改革快速推进的一年，宅基地试点从 15 个扩大到 33 个。8 月，住房和城乡建设部《利用集体建设用地建设租赁住房试点方案》印发，启动租赁住房试点，并确定了 13 个改革试点城市，分别为北京、沈阳、郑州、合肥、南京、武汉、上海、杭州、成都、广州、肇庆、佛山、厦门。试点城市均为租赁住房需求较大，村镇集体经济组织有建设意愿、有资金来源，政府监管和服务能力较强的城市，村镇集体经济组织可以自行开发运营，也可以通过联营、入股等方式建设运营集体租赁住房。11 月，党的十九届中央全面深化改革领导小组会议审议通过了《关于拓展农村宅基地制度改革试点的请示》，强调在已经试点的 33 个县基础上，再次拓展宅基地改革试点范围，并针对宅基地改革中存在的问题，提出不得以买卖宅基地为出发点，不得以退出宅基地使用权作为农民进城落户的条件的新要求。

从 2015 年开始的宅基地改革试点主要从三个方面探索了农村宅基地管理的新路径。

退出的宅基地可整理支持发展乡村旅游，2017 年中央一号文件强调，允许通过村庄整治、宅基地整理等节约的建设用地采取入股、联营等方式，重点支持乡村休闲旅游养老等产业和农村三产融合发展。各地开始尝试使用退出的宅基地发展乡村旅游。

超标的宅基地可授权有偿使用，如宁夏回族自治区平罗县，在按照一户一宅、面积法定原则进行确权登记基础上，对超占面积农户一次性收取有偿使用费。截至 2017 年 1 月，全县共收缴有偿使用费 787.46 万元。

确权的宅基地可与房屋一同申请贷款，如青海省湟源县，通过搭建农村住房财产权（含宅基地）抵押贷款担保平台，为抵押农户提供"以奖代补"的惠农贷款担保，助力乡村旅游、养殖等产业发展。该县马场台村 11 户通过宅基地抵押共贷款 42 万元，目前，已经实现 1 万~6 万元不等的纯收入。

（三）全方位保障农民征地后的利益

党的十八届三中全会增加了被征地农民的补偿办法，并在此后发布的农村政策中，不断明确政策方向与具体措施。在农民安置方面，相关政策强调，除补偿农民被征收的集体土地外，还需对失地农民进行就业培训、保障被征收农民的城镇社会保障，同时有条件的地方可采取留地、留物业等方式安置失地农民。在征收办法方面，强调制定缩小征地范围的办法。建立兼顾国家、集体、个人的土地增值收益分配机制，完善对被征地农民合理、规范、多元保障机制。

2016 年发布的《关于落实发展新理念加快农业现代化实现全面小康目标的若干意见》中强调推进农村土地征收改革试点工作；2017 年 2 月，《中共中央国务院关于加强保护和改进占补平衡的意见》出台，强调对耕地保护责任主体的补偿激励，实行跨地区补充耕地利益调节；同年 12 月，国土资源部副部长曹卫星表示，国土部将进一步深化征地制度改革，切实维护农民土地权益。2018 年 3 月，国务院办公厅印发的《跨省域补充耕地国家统筹管理办法》指出，耕地后备资源严重匮乏的直辖市，由于城市发展和基础设施建设等占用耕地、新开垦耕地不足以补充所占耕地的，可申请国家统筹补充；资源环境条件严重约束、补充耕地能力严重不足的省，由于实施重大建设项目造成补充耕地缺口的，可申请国家统筹补充。新制度的实行，使得耕地指标能够跨省调剂，调剂双方都能从中获取有利于自身发展的利益，这是乡村振兴战略背景下国家统筹土地利用的有益实践。

农村集体经营性建设用地制度的改革是近年来乡村建设的基础与条件。2014年的《关于农村土地征收、集体经营性建设用地入市、宅基地制度改革试点工作的意见》明确提出了集体土地入市的大方向。政策强调，完善农村集体经营性建设用地产权制度，赋予农村集体经营性建设用地出让、租赁、入股权能；明确农村集体经营性建设用地入市范围和途径，适当提高农民集体和个人分享的增值收益；建立健全市场交易规则和服务监管制度。同年印发的《国家新型城镇化规划》中指出，允许农村集体经营性建设用地出让、租赁、入股，实行与国有土地同等入市、同权同价。

2016年5月，中国银监会国土资源部印发《农村集体经营性建设用地使用权抵押贷款管理暂行办法》，规范推进农村集体经营性建设用地使用权抵押贷款工作，规定在坚持土地公有制性质不变，耕地红线不突破，农民利益不受损的前提下，开展农村集体经营性建设用地使用权抵押贷款工作，落实农村集体经营性建设用地与国有建设用地同等入市、同权同价。

2017年中央一号文件再次强调集体经营性建设用地入市的土地改革方向，明确推进农村集体经营性资产股份合作制改革，确认成员身份，量化经营性资产，保障农民集体资产权利。2018年一号文件指出，加快推进集体经营性资产股份合作制改革，为今后一段时间农村集体经营性建设用地制度改革指明了重点方向。

农村集体经营性建设用地改革在全国的试点工作主要在三个方面进行了尝试与突破。一是土地抵押融资，在集体经营性建设用地与国有土地"同权同价"的总原则下，集体经营性建设用地拥有抵押贷款权，可以通过土地抵押进行融资。如北京市大兴区把土地入市后的"未来收益"作为抵押，推出村镇（环境）整治建设贷款、小城镇建设基金等金融服务，为大兴区相关项目建设提供了启动资金。二是分散零星土地调整集中入市，由于土地分布不均，碎片化严重，试点县多采用土地统筹，集中入市的方式。如四川省郫县将集体建设用地指标在扣除集中居住区建设使用指标和新增有效耕地后，节余产业发展预留区在符合规划的前提下就地入市，成功将零星分散的集体经营性建设用地调整集中入市。三是建立土地收益调节机制。土地改革的一个重要目的就是增加农民收入，支持农村可持续发展，因此，几乎所有的集体经营性建设用地设点县（区）都设计了收益调节机制。如大兴区通过制定"增值收益调节金征收使用管理办法"，调节收益分配，在保证农村基础建设资金基础上，使企业、村集体、农民都受益；浙江省德清县则不直接分配入市收益，而是将资源性资产转变为经营性资产，以折股量化的形式用于壮大集体经济，推动农村经济社会全面、协调、可持续发展。

2018 年是农村土地制度改革的收官之年，农村集体产权制度改革试点将继续增加，相关政策和要求备受瞩目。在乡村振兴战略的指导下，国家将加快推进农村土地流转，处理好流转过程中土地与农民的关系，保障农民权益，带动农民增收，采取灵活多变的形式高效利用集体资产，通过农业供给侧结构性改革推动农业现代化进程，从而实现农村社会经济的繁荣发展。

二、乡村土地获取的八大策略分析

土地是农民的主要财富，无论是农业生产、工业生产、商贸服务、休闲农业还是农民的居住，都需要附着在土地上。因此，乡村振兴战略的实施绕不开土地的获取。长期以来，我国实行城乡二元化的土地制度，农村的土地归农村集体所有，属于集体土地。集体土地不同于国有土地，在土地的转让、抵押、租赁等方面有诸多限制，这也逐渐成为农村发展的桎梏。从2015 年开始，国家开展了农村承包地、集体经营性建设用地以及宅基地的"三块地"改革试点工作，希望通过试点的先试先行，能够为农村土地问题的解决找到方向与道路。3 年以来，这一改革已经取得了诸多成效，北京大兴、天津蓟州、浙江德清和义乌等地也出现了一些值得推广与借鉴的模式。2018 年是"三块地"改革的收官之年，也是乡村振兴的起始之年，土地问题必将成为热点中的焦点。本文在深入研究土地各项政策的基础上，梳理了目前有关农用地与建设用地的获取方式与利用底线。

（一）乡村土地的可利用类型及利用底线

1. 乡村土地的可利用类型

集体土地包括属于集体所有的农用地、未利用地以及集体建设用地 3 种类型。国家鼓励以上用地类型开发农业生产、加工流通、商贸服务、休闲农业、乡村旅游、乡村双创等项目。

（1）集体农用地

农用地是指用于农业生产的土地，包括耕地、林地、牧草地、设施农业用地、坑塘水面等。我国实行严格的农用地保护措施，严格管控农用地转为非农用地，严守耕地红线。按目前统计，我国有农民承包耕地 13 亿亩（15 亩 = 1 公顷。下同），其他类型农用地 25.7 亿亩。

20 世纪 90 年代以后，随着城镇化的推进以及纯农业收益明显下降的不可逆转，越来越多的农民放弃土地经营，尤其是"农二代""农三代"，一半以上的人不懂也不愿意经营土地。在我国农村地区，农业生产者的构成已发生深刻变化，家庭农场、农民合作社、农业企业逐渐代替农民成为农业经营的主体，土地流转现象越来越普遍，土地规模化经营成为趋势。数据统计显示，截至 2016 年 6 月，全国 2.3 亿农户中流转土地的农户超过了 7 000万户，比例超过 30%，东部沿海发达省份这一比例更高，超过 50%。2016 年国务院印发了《关于完善农村土地所有权承包权经营权分置办法的意见》，在坚持农村集体所有权毫不动摇及严格保护农户承包经营权的基础上，极大放活了土地的经营权。

（2）集体建设用地

集体建设用地包括宅基地、公益性公共设施用地和经营性用地。按照目前统计，我国农村拥有宅基地 2 亿亩，农村集体经营性建设用地 0.5 亿亩，宅基地是农村土地改革的重中之重。

宅基地及依附其上的房屋是农民最大的财产，但一直以来，由于城乡二元制度的限制，城乡没有实现同等同权，农民的房屋没有产权，既不能转让，也不能抵押，大量"资产"沉睡，财产性收入无从谈起。另外，目前我国城镇建设用地指标非常紧张，但是在农村却存在着惊人的浪费现象。国土资源部相关报告显示，农村居民点闲置用地面积达 3 000万亩左右，相当于现有城镇用地规模的 1/4，低效用地达 9 000万亩以上，相当于现有城镇用地规模的 3/4。另据中国科学院地理科学与资源研究所测算分析，我国农村空心化整治潜力约 1.14 亿亩。资源要素在城乡之间的对等流转成为农村改革及乡村振兴的命脉。最近两年在试行的集体经营性建设用地入市、宅基地制度改革等措施，正在加速实现城乡之间的对等，也为乡村建设用地的取得提供了更多的途径与法律依据。

（3）未利用地

未利用地是指除农用地和建设用地以外的土地，主要包括荒草地、盐碱地、沼泽地、沙地、裸土地、裸岩等。随着用地指标的吃紧，国家出台了系列政策鼓励未利用地的有效利用，并对基础设施的建设给予一定补贴。未利用地一般可以通过承包、租赁或拍卖获得使用权，然后进行治理。但对一些条件差、群众单户治理有困难的"四荒",可先由集体经济组织作出规划并完成初步治理后,再流转给个人。

2. 乡村土地的利用底线

我国在农村土地制度改革上,坚持土地公有制性质不改变、耕地红线不突破、农民利益不受损三条底线。按照规定,一般建设项目不得占用永久基本农田,不得超越土地利用规划,严禁随意扩大设施农用地范围。在乡村土地的开发利用中,需要特别注意的是国家规定的基本农田的"五不准",即不准非农建设占用基本农田(法律规定的除外);不准以退耕还林为名违反土地利用总体规划,减少基本农田面积;不准占用基本农田进行植树造林、发展林果业;不准在基本农田内挖塘养鱼和进行畜禽饲养,以及其他严重破坏耕作层的生产经营活动;不准占用基本农田进行绿色通道和绿化隔离带建设。

乡村土地的获取是进行项目建设的首要步骤。从项目开发建设所需要的土地类型来看,主要包括农用地的获取及建设用地的获取。农用地主要用来进行现代农业、创意农业的生产,建设用地上主要进行二产加工以及商贸、旅游、养老、仓储、物流等产业的发展。

(二)如何获取农用地

1. 通过土地转让

即在发包方(一般为农村集体经济组织)同意的前提下,与土地承包人签订土地转让合同协议,获得其所拥有的未到期土地的承包权与经营权。土地转让成功后,原土地承包人所享有的使用、流转、抵押、退出等各项权益将转移给受让对象。此类获取土地的方式较为严格,需经过发包方的同意,如果出现承包方不具有稳定的非农职业或者稳定的收入来源,或者转让合同不符合平等、自愿、有偿原则,或者受让方改变了承包土地的农业用途,或者受让方不是以农业生产经营为主要目的,或者本集体经济组织内其他成员提出要优先享有等情况，发包方有权不同意承包方与受让方之间的合同。

2. 通过土地租赁

即在与土地承包人或土地经营人进行洽谈磋商的基础上，以承租的方式，签订土地租赁合同协议，获得一定期限的土地经营权，并按一定方式付给出租方实物或货币。土地租赁合同签订后，需上报农村集体经济组织存档，但与土地转让不同，农村集体仅限于存档，无许可权。另外，对于这一模式来说，出租的仅是土地的经营权，承包权仍属于出租方。

3. 通过土地作价入股

即在自愿联合的基础上，土地权利人与投资者签订土地入股（股份合作）合同，将自身拥有的土地使用权和投资者的投资共同组成一个公司或经济实体，从事农业生产。一般土地权利人仅提供土地，资金、管理、运营等由投资者负责。入股的土地一般按照产量评定股数，作为取得土地收益分红的依据。这一模式与前两种模式相比，并不改变土地的经营权，另外，其收益不固定，受农业生产经营效果的影响。

（三）如何获取建设用地

1. 通过土地征收

土地征收是将农民集体所有的土地转化为国有土地，并依法给予合理补偿和妥善安置的一种行为。征收的对象主要有集体农林用地与集体建设用地。其中，集体农林用地转国有建设用地需按照城镇建设用地与乡村建设用地增减挂钩政策，通过建新拆旧和土地复垦，实现建设用地总量不增加、耕地面积不减少、质量不降低、用地布局更加合理。另外，这一性质土地的征收需要先办理农用地转用审批手续，转为建设用地，再办理土地征收审批手续，转为国家所有。而对于集体建设用地来说，相对简单，可直接进入土地征收流程。土地征收有严格的国家规范与流程，这里不再赘述。

这一模式的实施者一般为国家，土地征收转变为国有建设用地后，企业可通过正常的招拍挂获得土地的使用权。但目前我国土地征收的范围在不断缩小，征收的程序在不断地规范。

2. 农村集体经营性建设用地入市（目前仅限于试点地区）

农村集体经营性建设用地是指具有生产经营性质的农村建设用地，包括工矿仓储用地、商服用地、旅游用地等。2015年集体经营性建设用地入市与农村土地征收、宅基地制度改革共同进入试点阶段，这一次改革，提出在坚持农村集体经营性建设用地所有权不变的情况下，赋予其通过出让、租赁、入股等方式，使得使用权通过有偿方式实现转移的行为能力，从而与国有土地同等入市、同权同价。中华人民共和国境内外的公司、企业、其他组织和自然人，除法律、法规另有规定外，均可依照规定取得集体经营性建设用地使用权，进行开发、利用、经营。

对于具备开发建设所需基础设施等基本条件的用地，可就地直接入市；对于零星、分散的集体经营性建设用地，可根据城镇建设用地与集体建设用地增减挂钩政策，先复垦后再异地调整入市。入市后的土地可以用作工矿仓储、商服、旅游等经营性用途，暂不涉及住宅用途。

3. 宅基地入市（目前仅限于试点地区）

宅基地制度改革是"三块地"改革中进展最慢的，也是最艰难的。2018年中央一号文件首次正式提出"探索宅基地所有权、资格权、使用权"三权分置"，落实宅基地集体所有权，保障宅基地农户资格权和农民房屋财产权，适度放活宅基地和农民房屋使用权"。根据这两三年各试点的实践经验来看，有效利用宅基地的方式主要有以下几种：

第一，通过使用权的转让与出租。义乌市在农村宅基地制度改革试点工作中，探索建立农村宅基地使用权转让制度，对已完成农村更新改造的村庄允许宅基地使用权在本市集体经济组织成员间跨村转让并办证。中央一号文件中也提出适度放活使用权，这将派生出有偿使用费、租赁费等流转费用，从而增加农民财产性收益。

第二，通过村庄整治、宅基地有偿退出等措施，产生节余指标，利用"城乡建设用地增减挂钩"政策，调整入市。很多试点均采用了这一模式，即通过集中安置房的建设，以宅基地换房，提高建设用地的集约利用，并将节余的宅基地进行拆旧复垦，产生建设用地指标，调整入市。原来城乡建设用地增减挂钩节余指标大多是在省域内进行调剂，2018 年 3 月，国务院办公厅印发《城乡建设用地增减挂钩节余指标跨省域调剂管理办法》，允许"三区三州"及其他深度贫困县城乡建设用地增减挂钩节余指标跨省调剂，这将极大促进建设用地指标的合理流转。另外，随着城镇化进程的不断加速，大量在城市落户农民的宅基地闲置，通过有偿退出机制的设计，可以大大改善这一问题。

第三，利用集体建设用地建设租赁住房。根据住建部 2017 年发布的《利用集体建设用地建设租赁住房试点方案》，在试点城市，村镇集体经济组织可以自行开发运营，也可以通过联营、入股等方式利用集体建设用地建设运营集体租赁住房。

第四，利用一些特殊政策的规定。比如，国务院《关于支持返乡下乡人员创业创新促进农村一二三产业融合发展的意见》中提出，支持返乡下乡人员依托自有和闲置农房院落发展农家乐。在符合农村宅基地管理规定和相关规划的前提下，允许返乡下乡人员和当地农民合作改建自住房。

宅基地入市后的用途要严格把控。2018 年中央一号文件明确提出一个"不得"和"两个严"，即不得违规违法买卖宅基地，严格实行土地用途管制，严格禁止下乡利用农村宅基地建设别墅大院和私人会馆。

中央农办主任韩俊强调，这（宅基地三权分置）不是让城里人到农村买房置地，而是要使农民的闲置住房成为发展乡村旅游、养老等产业的载体。

4."四荒地"利用

近几年一系列政策的支持，使得四荒地（荒山、荒沟、荒丘、荒滩）成为市场争取利用的对象。《关于积极开发农业多种功能大力促进休闲农业发展的通知》鼓励利用"四荒地"（荒山、荒沟、荒丘、荒滩）发展休闲农业，对中西部少数民族地区和集中连片特困地区利用"四荒地"发展休闲农业，其建设用地指标给予倾斜。《关于支持旅游业发展用地政策的意见》支持使用未利用地、废弃地、边远海岛等土地建设旅游项目。在各地出台的关于特色小镇的土地支持政策中，也常见到"充分利用低丘缓坡、滩涂资源"的政策指向。国家建设项目使用集体未利用地的，应当办理土地征收审批手续后依法供地；不需要办理农用地转用手续，不需要用地计划指标，不缴纳新增费和耕地开垦费。

第五节　大农村金融创新模式与乡村振兴

乡村振兴战略的落地实施需要三大要素的强力支撑，即钱、地、人。其中，农业农村"融资难""融资贵"的问题，对农村发展的制约越来越明显。但在我国"嫌贫爱富"的传统金融体系中，农户并不是其服务对象。尤其是在农村生产经营模式单一、收入不稳定、缺乏标准化抵押物以及缺少征信体系的现实条件下，传统金融机构对涉农贷款的谨慎态度就不难理解。在乡村振兴战略的逐步推进，农村市场条件的逐渐成熟，多方利好政策的持续加持，以及互联网、人工智能、区块链等新技术的强势带动下，以上这一发展现状在最近几年将得到有效改进，农村金融将进入黄金发展时代。因此，本文在总结我国农村金融发展现状的基础上，结合实践，提出了农村金融的五大创新发展模式，以期为未来的农村金融创新提供借鉴。

一、基于乡村振兴战略的农村多元化金融创新模式

虽然乡村振兴战略刚刚提出，但是从现在乡村发展呈现出来的新特征，已经可以窥见未来的发展趋势：乡村的原有经济结构将实现大变革，种养殖、旅游经营、文化经营、商业经营、农产品加工制造、物流仓储开展等经营活动，随着农村一二三产业的打通，将产生越来越多的资金需求；农业将实现适度规模化经营，需要大中型农机、规模化生产原料、智慧化农业管理系统的购买与搭建；随着农民的不断增收，他们对金融的需求也将逐渐从单一的储蓄转变为资产的升值；承包地、宅基地的三权分置，使得农村缺乏标准化抵押物的难题迎刃而解。农村金融一直都是现代农业与现代农村发展的重要支撑，未来将发挥更大的经济撬动作用。但这需要更多资本的介入，需要更多信贷产品的推出，也需要更多创新模式的探索。

二、我国农村金融的五大创新发展模式

（一）银行贷款模式

银行拥有很强的资金吸纳和资金输出能力，但改革开放以来，在农村金融的发展进程中，除了中国农业发展银行、中国农业银行和邮政储蓄银行在国家政策的推动下下沉农村地区外，支持农村发展外，受制于农村贷款成本高、缺抵押物、风险大，其他商业性银行并没有发挥很大作用。在"三农"政策不断利好，尤其是国家实施乡村振兴战略，农村担保体系、信用体系等金融基础设施和环境不断完善，以及土地确权等的推动下，制约银行贷款的一些因素将逐渐弱化，银行贷款将成为农村金融发展的一种重要方式。

1. "银行+政府+担保机构"模式

即银行与政府、农业信贷担保机构合作，建立合理的风险分担机制和利益分享机制，在担保公司对信贷项目进行担保的基础上，银行发放贷款，从而降低银行农业贷款的成本和风险。农业信贷担保公司，是由政府财政支持设立的，分国家级、省级和市县级三级体系。目前国家农业信贷担保联盟有限责任公司已成立，省级农业信贷担保公司已组建完成运营，并开始向县市延伸。随着担保机构的逐步下沉，将形成银担合作共赢、财政金融协同支持的良好局面。

2. "银行+政府+保险"模式

即银行与政府、保险公司合作，银行发放贷款，保险公司对借款主体的到期履约还款能力提供担保，并承担贷款约定赔偿责任（如由保险公司优先为借款人偿还差额部分），政府提供保费补贴、贴息补贴和风险补偿支持。

3. "银行+政府"模式

即银行与政府合作，由政府财政提供风险补偿资金，银行按比例放大贷款规模，为贷款主体提供贷款服务，当出现到期无法履约还款情况时，从风险补偿金中予以补偿。一般银行放贷规模越大，风险补偿金的比例就越高，从而达到财政资金对银行贷款的激励作用。

4. "银行+企业"模式

即银行与龙头企业合作，以龙头企业为核心，为其上下游各环节的主体（如上游的农户、下游的经销商等）提供金融服务，利用产业链优势控制风险。龙头企业在这一模式中起着重要的作用，一方面其较好的信用可以为上下游贷款主体授信，另一方面其掌握了上下游经营主体较为准确的信息，可助力银行进行风险控制。同时，产业链式的融资模式，还可将应收账款、预付款等资产作为抵押，激活无形资产的价值。

5. 两权抵押模式

即以农村承包土地的经营权和农民住房财产权（一般要求农民住房所有权、所占宅基地使用权同时抵押）作为抵押，由银行向土地经营权所有人和房屋所有人发放贷款。2016 年国家开展了 232 个农地抵押贷款试点县（市、区）和 59 个农房抵押贷款试点县（市、区），随着农村承包土地三权分置的大范围推行，以及 2018 年中央一号文件中首提的宅基地"三权分置"，这一金融模式将获得新的发展动力。另外，除了两权外，大型农机具、预期收益权、林权也可以作为抵押物。

目前一些创新型平台也聚焦这一金融模式，例如，京东注资的聚土网旗下的聚土贷，依托其土地流转的核心业务，专门为农业、农村、农民提供金融贷款，只要有地或者有房，就可申请评估，以获得最高 50 万元的低利率贷款。

（二）小额信贷模式

小额信贷是一种额度小、无担保、无抵押、使用灵活的贷款模式，主要面向低收入群体和微型企业服务，是传统金融机构的一种重要补充。这一模式的优势在于：一是简单易操作，不需要抵押物，主要靠信用或担保；二是适用于一直被传统金融机构排除在外的普通农户，是普惠金融的一种重要模式。

目前这种金融模式的主要提供者包括国家开发银行、中国农业银行、邮政储蓄银行、农村信用合作社及村镇银行、农村信用互助社、小额信贷公司等新型农村金融机构。农村信用合作社在农村小额信贷中起着主导作用，也是开展此类业务最早的机构，其以农户的信誉为基础，向符合条件的农户发放无需抵押、无需担保的贷款。小额信贷公司，只贷不存，是活化民间金融资本的一种重要模式。近几年在互联网的推动下，小额信贷公司发展迅速，截至 2017 年年末，已达到 8 551 家。要防止小额信贷公司业务高利贷化的趋势。

（三）互联网金融模式

1. 电商平台支持下的互联网金融模式：电商平台+农村金融

以阿里巴巴和京东为代表，依托积累了大量数据和客户的电商平台，依靠产业链上的核心企业，通过自有的或合作的金融机构获取资金，并根据电商平台上的消费者购买数据及供应商的信用数据，形成信用风控模型，为上下游客户提供网上借贷业务，从而打通农资销售、农业种养殖、农产品销售产业链，形成基于电商平台的体系完整的金融闭环。

这一模式的主要优势在于：第一，借助于电商平台的大规模客流量，摆脱了传统操作方式下的线下人员推广模式，获客成本较低；第二，运用电商平台产生的大数据，对用户的信用、偿付能力等有一定的了解，为信用风控提供了基础；第三，主要依托信用进行贷款，无需抵押物，能快速解决农业、农村、农民贷款难的问题；第四，在电商平台上，实现了资金在产业链上的闭环循环。但这一模式使用并不灵活，仅限购买电商平台上的农资。

2. 农业服务商支持下的链式金融模式：大型农业服务商+农村金融

以新希望、大北农等"三农"服务商为代表，依托多年深耕农业领域的数据积累、线下资源优势，以本身形成的自有供应链为核心，借助互联网技术，打通金融环节，为上下游企业和农户提供支付、借款、保险等服务，实现从产业到金融的延伸。

这一模式的主要优势在于：第一，具有更加精准的养殖户和经销商大数据，风险控制优势很大；第二，拥有长期合作的小微企业、农户、个体经营户，获客稳定且成本较小；第三，无需抵押，依托自身构建的产业服务链即可展开，操作方便。但这一模式的局限性在于范围较小，只能依托本身业务开展，比如对于以饲料产品生产销售和农作物种子培育推广为主营业务的大北农来说，对于有些农户的大型农机设备融资无法满足。

3. 纯互联网金融平台模式：信用贷款+P2P 网贷

以沐金农、宜信为代表，互联网金融平台利用大数据、云计算、物联网等新技术，以平台自有资金（一般以理财方式进行吸纳）或与银行、小贷公司等金融机构以及资管公司合作，破解传统金融模式在信贷方面的局限，从而为"三农"提供便捷、灵活、成本较低的小额信贷产品。

这一模式的主要优势在于灵活、方便、覆盖范围广、可线上操作、无需抵押物，但贷款额度受信用等级的限制。另外，这一模式的运营受两个关键点制约：一是较低成本资金的获取；二是运营方的风险把控能力。对于纯互联网金融平台来说，面对缺乏征信系统的农村区域，没有积累了大量数据的电商平台与产业服务平台的支撑，风控成本非常低。要注意网贷时被诱骗的各种风险。

（四）融资租赁模式

融资租赁在"三农"方面的利用主要体现在大型农机设备的购置上，2014 年农业部启动了以融资租赁贴息支持大型农业机械购置的试点工作。实践中，小型农机具采购和设施大棚的建设也在逐渐采用这一模式。融资租赁以融资租赁公司（出租人）为纽带与综合服务商，在承租人付完首付后，出租人将余款付给农机厂家或经销商，承租人即可拥有该农机的使用权，并分若干年将余款及利息付给融资租赁公司，付清后即可获得农机的所有权。利息部分一般国家会给予财政补助。对于价格高昂的农机来说，农民由"全款购买"变为"先租后买"，将大幅度减轻资金压力。

（五）众筹模式

众筹是指缺少资金的企业或是个人，借助互联网平台，发布筹款项目，通过有意向人士对股权、产品或是使用权等的购买，完成资金募集。2017年"开始吧"上推出的"袁米众筹"项目广受关注，上线仅5分钟就认筹375万元。有媒体表示，农业类众筹将领衔今后几年的众筹行业。

这一模式的创新点在于，不仅仅解决了资金问题，还解决了农产品销售的"通路"问题，促进了农产品进城。同时也可将城市投资人在技术、理念、需求等方面的优势有效融入产品开发与设计中。

第六节　乡村治理创新与乡村振兴

我国是农业大国，乡村治理是国家现代治理体系中的重要一环。随着国家对"三农"问题解决的逐年重视，乡村经济在一定程度上得到了快速发展。但是，在乡村治理方面，出现了社会建设跟不上经济发展脚步的局面，农村空心化问题造成了治理力量不足，传统的管理方式满足不了乡村现代化建设的需求，乡村人口结构重塑带来多元化利益诉求差异。因此，探索如何在乡村振兴战略下创新乡村治理形式，是当前乡村社会发展的重要课题。

一、乡村治理面临的问题

（一）乡村空心化问题凸显，乡村治理方式滞后

2005年我国乡村人口数量约为7.5亿人，2017年减少至5.7亿人左右，城镇化率逐年提高，乡村总人口数量不断下降，农村空心化现象日益凸显。绝大部分受教育程度高的青壮年劳动力均流向城市工作，使得农村人口在年龄上分布极不合理，导致乡村治理参与主体断层，村领导班子无法注入新生力量，成员老龄化严重，治理方式固化，无法适应新形势下村民的多元化需求。

治理主体创新意识的缺乏和管理方式的滞后，导致基层治理生态秩序不断恶化。一些乡村基层治理人员，管理思维陈旧，只讲"维稳"，不讲"维权"；还有一些基层治理人员过于依赖收费、审批、处罚等行政手段，进一步激化了社会矛盾。乡村自治方面，行政主导性太强一直制约着自治制度的发展，形式化和官僚化使其成为乡村治理中的薄弱环节。

由此可见，乡村空心化、治理主体能力缺乏等一系列问题导致乡村治理效率低下，社会矛盾无法从根源上解决，乡村治理机制落后于社会经济的发展。

（二）乡村不良风气滋长，社会价值体系面临重塑

随着城乡融合发展，人口流动频率加强，乡村生活注入了多元文化。但在部分地区，物质财富的增加并没有带来精神财富的提高，反而在乡村中滋生了许多不良社会风气，如赌博之风、迷信之风、奢侈浪费之风、不孝之风等。这些不良风气有悖于我国上千年来继承和发扬的勤劳致富、勤俭节约、尊老爱幼、遵纪守法等传统文化美德，造成人际关系紧张，加剧乡村社会矛盾。乡村社会中，村民的道德观缺失和价值观扭曲，很容易导致治理乱象频发、违法犯罪现象层出不穷，严重影响农村社会经济的正常发展。因此，通过社会主义精神文明建设，重塑适合农民需求的农村社会价值体系，显得尤为重要。

（三）乡村人口结构重构，治理模式亟待创新

在乡村振兴战略的支持下，未来乡村的人口结构会发生巨大变化。乡村不仅拥有原住民群体，还包括返乡就业青年、创新创业的"情怀乡民"和养生度假的"回归乡民"等各类群体。不同类型的群体拥有不同的需求，治理方式也不尽相同。例如，返乡就业群体注重乡村产业发展和就业机会；创新创业群体需要宽松的用地、资金等政策支持；养生度假群体对乡村基础设施和公共服务设施配套有较高的要求。此外，外来人口在乡村地区形成的新工作生活方式，也导致传统的乡村治理方式不再适用。因此，在乡村人口结构重构的背景下，平衡外来居民和本地人口之间的利益冲突，创新适应多元化人群的治理模式，是未来乡村治理面临的重大问题。

二、新形势下的乡村治理创新

伴随着乡村社会的不断重构，在信息化时代的背景下，传统的乡村治理理念和方式已无法跟上现代社会发展的脚步，亟需创新。结合日本与我国台湾、成都、广州、深圳等地的探索经验，未来的乡村治理可从以下几方面实现突破。

（一）重构乡村产业体系，吸引人才参与共建

构建现代乡村治理体系，政策制度的支持固然重要，但人是治理的基础，关键还是要通过创新产业的发展，吸引人才回流，发挥人的主体能动作用。一是要基于本地农民，通过专业培训、政策扶持、龙头企业的带动等，提升他们的素质与专业能力，将他们"留"在农村；二是通过一二三产业融合的产业聚集，鼓励有实力的社会主体下乡创业，发挥他们的带动作用，将其新思想、新理念、新技术融入日常治理中，以推动乡村社会的综合发展。

在培育人才、吸引人才的机制构建中，除政府的政策支持外，还要充分发挥农业专家、学者、社会精英人士、高校的作用，鼓励他们深入农村，发挥价值。

（二）推进"三治融合+村务监督"，强化自治

自古以来，受"皇权不下县"等制度因素的影响，自治一直是我国乡村地区的主要治理模式。乡村社会中存在的乡绅阶层和宗族势力，以及在这两种势力上发展起来的保甲制度，构成了我国历史上乡村自治的三股重要力量。这两种势力和一个制度，是传统社会统治阶级和民众沟通的桥梁，对维护乡村社

会的稳定具有重大意义。

随着我国社会经济持续发展，乡村社会结构发生了巨大变化，传统的乡村自治体系土崩瓦解。2018年中央一号文件指出，要坚持自治、法治、德治相结合，确保乡村社会充满活力、和谐有序。其中，自治是核心，是调动村民参与乡村事务的主要手段，也是乡村必须坚持的一种治理方式；法治为自治提供规范与保障，是一种自上而下的以法律为基础的规范治理手段；德治是以伦理道德为准则，建立在乡村熟人社会上的"软"治理，这种从内心情感中产生的约束在乡村治理中不可或缺。

我国乡村地区干部少、事务多，随着国家对农村发展的支持力度不断增大，村干部经手的事项也不断增多。因此，"三治"融合新体系作用的发挥，需要监督机制的有效配合。村务监督主要对乡村的村务、财务管理等情况进行监督，收集村民的有关建议意见，是平衡乡村地区利益矛盾、强化村民自治地位的重要手段，能够有效地提升乡村治理水平，对促进乡村和谐稳定、提升村民对基层管理机构的满意度具有重要作用。

（三）以政府购买服务模式引导市场主体参与

长期以来，政府包揽了社会发展所需的各类公共服务产品，在公共服务的提供过程中，政府投入了大量人力、物力、财力，并出现了部分职能越位和缺位现象。然而，政府并不能提供所有的公共服务产品，服务水平也无法与市场上的专业公司相提并论。因此，政府购买服务成为现代治理中的重要模式。

乡村治理是一个庞大复杂的工程，除了需要政府、村民自治组织和个人的参与外，引入市场要素也尤为重要。基层政府将部分公共服务的提供，通过公开招标、定向委培、邀标等形式，引入民间企业，进行市场化运作，能够有效地提升服务质量和效率。例如，为了改善乡村环保投入不足的现状，基层政府将垃圾处理外包给保洁公司，对乡村垃圾统一收集、运输、处理，以常态化运营形式保证乡村环境整洁，带动多元主体参与乡村环境治理。

政府购买服务模式是完善乡村环境治理体系的有效举措，提升了基层政府整治乡村环境的能力。这种方式可以应用到乡村治理的各个层面，如教育、就业、社会保障、社会救助、人才服务等与保障和改善民生密切相关的领域，推动乡村问题的协同解决，逐步提升乡村生活环境的整体质量。

（四）社群化治理

乡村的人口居住较为分散，传统的治理方式在广度与深度上都存在局限。随着互联网技术在乡村的普及，乡村人口"社群化"趋势将为深层次开展乡村治理提供契机。基于互联网技术，乡村管理者与村民间很容易实现良性互动，村庄政务与村民需求间能够快速实现精准对接，从而提高乡村治理的效率与效果。

乡村社群化治理模式的构建需要从以下三个方面着手：一是基于互联网构建村务公开与反馈机制。传统的村务公开一般包括村广播、公告栏张贴等方式，村民基本处于被动接受的状态，"你说了，我知道了"，然后就没有下文了。在网络时代，管理者可以通过自建的网站、论坛或自主开发的村庄 APP 等，使村民第一时间了解村务，并能够及时进行讨论、质疑，形成双向互动的村务管理反馈机制，以提高乡村行政的透明度。二是建立基于社群自律的村民自治机制。在网络中，村民很容易形成自组织参政议政的社群化结构，政府应放开技术限制，引导村民理性思考，形成社群化自律机制，使其成为乡村治理的重要支撑力量。三是建立基于"社群"理念的乡村治理结构。在"社群化"治理时代，乡村原有的组织框架、人员分工等发生了根本性转变。网络互动过程中，村民的意见如何反馈？反馈的意见谁来处理？社群化自治结构与传统乡村治理结构如何对接？村务决策流程是否需要完善？这些都需要政府基于"社群"理念，完善目前的乡村治理结构，设置相应的岗位，以支撑基于互联网的社群化治理机制的良性发展。

（五）社区化治理

目前以乡村村委会为主体的治理模式建立在传统的乡村发展结构之上，而随着村民生活质量的提升，以及创新创业、休养度假、乡居生活等外来人群的进入，村委会治理模式已经难以满足乡村"宜居"的生活需求，与新形势下对现代乡村治理的要求存在巨大差异。城市社区拥有居委会，它并不掌管经济权，但能形成社区良好的治安、贴心的服务、舒适的生活等宜居价值。引入城镇的居委会治理模式以完善村委会的治理，将成为乡村治理创新的重要方向。

乡村社区化治理模式构建的重点是建立村委会与居委会的双重治理结构。在原有治理结构中，村委会负责从村庄整体发展到村民纠纷解决的所有事务，而在实际治理中，村委会的行政职能更为突出，服务职能常被弱化。引入居委会治理结构，将"村务"与"民务"分开，"村庄宏观发展"与"村民宜居生活"分开，以居委会专司乡村社区建设，协助村委会开展社区公益事业，调解村民纠纷，维护社区治安等事务，从服务角度构建现代宜居社区。

乡村振兴战略背景下，乡村的经济发展结构发生巨大变化，外来人口不断增多，村民需求呈现出多元化的趋势。推行社区化治理模式，能够使乡村治理在"三治"融合的基础上，更加关注村民和外来居民的生活质量、权益保障、人居环境等民生保障问题；引导乡村社区居民参与社区事务，提升社区自治组织能力，增强社区活力；通过社区活动和服务，培育人们健康文明、积极向上的思想意识和生活方式；开展平安社区创建，推进乡村法治文明建设，构建乡村和谐发展环境。

（六）发挥新乡贤的带动作用

乡贤是指本土有德行、有才能、有声望而深受本地民众尊重的贤人。乡贤是乡村中群众认可度极高的群体，将乡贤作为连接政府和村民的桥梁，发挥乡贤在乡村治理中的作用，能够事半功倍地提高治理效率。在乡村社会中，乡贤主要来源于村里的老党员、老干部、老教师等群体，这些人大多对本地的历史文化有较深的了解与认识，并愿意为本地村民排忧解难。让乡贤充分参与到村务管理和重大问题的决策中，能够实现政府领导和村民自治组织之间的良好互动，推动社会经济活动顺利开展。

随着城镇化水平不断提高，乡村青壮年劳动力涌向城市，但在近些年逆城镇化趋势的带动下，乡村地区开始涌现出一大批新乡贤。他们大多具有一定的社会地位，视野开阔，怀着反哺家乡的初衷携技回乡，为乡村的发展带来新思维、新技术。在乡村治理中，要充分发挥新乡贤的作用，为基层治理增添新的活力。同时，要完善乡村基础设施与公共服务设施建设，通过体制机制的完善，创造良好的社会环境，让乡村留得住乡贤。除此之外，要大力弘扬乡贤文化，增强村民的认同感和荣誉感，这将有助于让村民主动参与到乡村治理中，并吸引和聚集其他成功的社会人士，共同为乡村建设出谋划策。

（七）借助"互联网+"手段

随着互联网信息技术的不断更迭，网络理政在基层治理组织中得以推广，互联网逐渐成为连接政府与群众的重要渠道。在实践中，部分村委会搭建了信息沟通平台，在平台上，村民不仅能够实时了解国家涉农资金补贴情况、监督资金发放与使用、查看土地承包信息等，还能随时咨询政策疑问或进行投诉。还有的地区推行"干部日志"政务平台，即基层组织管理人员将每天的工作情况公开在网上，接受村民监督，这极大地提高了基层管理人员的工作效率。

不同类型的政务平台，拉近了基层治理组织与村民之间的距离。政府通过网络能够了解各类民意诉求，并有针对性地予以回应。此外，大数据分析技术能够从不同维度对村民意愿和诉求进行挖掘与展现，这为基层政府进行决策和民生服务提供了有效的依据。因此，"互联网+"模式对于基层治理组织来说，不仅是技术的革新，还有助于提升治理组织决策的科学性、精准性和高效性，是提高治理能力和治理水平的必然选择。

第七节 乡村文化与乡村振兴

一、关于乡村文化复兴的战略思考

中华文明植根于土地，乡村文化是中国文化的源头。近代以来，西方文明的冲击和城市工业的发展，使乡村文化面临着传承与发展的危机。在百余年的乡村建设史中，传统的乡村文化无可避免地逐渐衰落，后继无人，新的乡村文化重建乏力，不成体系。在这一背景下，党的十九大报告正式提出乡村振兴战略，毫无疑问，乡村文化复兴是乡村振兴的重要部分。2018年中央一号文件中也提到要繁荣兴盛农村文化，焕发乡风文明新气象，乡村文化将与乡村产业升级、社会结构优化、生态环境提升等要素互为表里，共同完成乡村振兴的时代使命。

（一）乡村文化的构成

基于乡村地域特性和乡村社会性质，乡村文化是指乡村区域的村民在生产、人际交往过程中，为满足生存、生活需要，共同创造、集体享有的人类创造物的总和。既包括物质产品、符号表征等物化层面创造物，也包括价值体系、语言、行为方式等非物化层面创造物。

乡村文化具有乡土性、共有性、延续性、时代性四大特征。最明显的特征就是乡土性。乡村文化是一种"有根"的文化，有着"生与斯，长于斯，死于斯"的乡土认同感，承载着乡音、乡土、乡情以及古朴的生活、恒久的价值和传统。共有性是指乡村文化是乡村成员在生产、生活过程中共同形成的，并在非强制状态下共同遵守。延续性是指乡村文化在数百乃至上千年的历史发展中形成，并通过乡村成员的后天习得而不间断地传承着。时代性是指乡村文化精神内核虽然稳定，但也会随着时代趋势的强大力量而发生巨变。

根据文化层次理论，乡村文化可分为物态文化、制度文化、行为文化、精神文化四类，它们共同构成乡村整体的文化形态。其中，除物态文化外，制度文化、行为文化、精神文化都是无形的，都需要借助载体进行呈现，在文化传承与更新方面难度较大。

1. 物态文化

物态文化是指可触知的具有物质实体的文化事物，如村落形态与风貌、乡村建筑、生产生活资料、劳动产品等。与制度文化、行为文化及精神文化相比，物态文化更为直观，是乡村文化的最直接呈现。由于物质的可保留性，乡村的物态文化既包括当下的生产生活物品，也包括历史物质遗存。而历史物质遗存往往是对某个历史时期、历史事件、历史生活方式的真实呈现，是社会发展与乡村文化传承不可或缺的物证。

2. 制度文化

制度文化是乡村基于自身稳定和关系协调，由正式和非正式制度、规则形成的规范体系。它是乡村社会成员在物质生产生活过程中所结成的各种社会关系的总和，包括成文的乡约村规等行为规范，也包括生产生活组织方式、礼仪规范等未成文的习惯性行为模式。乡村制度文化世代相传，规范着乡村社会的秩序。在外部环境发生巨大变化时，制度文化可能会出现不适应现象，并进行相应的调整，直到达成新的平衡。

3. 行为文化

行为文化是乡村社会成员在日常生产生活中慢慢衍生出的

习惯风俗，包括早睡早起、固定时间地点聊天、见面问好等日常生活习惯，社戏等文艺表演，打麦节、播种节等传统节日及其他方面。行为文化是乡村在历史发展中价值取向的累积与熔铸，维持着乡村日常待人接物的交往礼仪，内化为乡村社会成员的言行举止，外化为乡村的生活方式。

4. 精神文化

精神文化是乡村社会成员在生产生活中逐渐建立起来的价值观念，包括家族文化、宗教文化、乡村审美、孝道文化等。精神文化具有价值导向，物态文化、制度文化、行为文化本质上说都源于乡村的精神文化。在精神内核的基础上，乡村形成凝聚力，并逐渐形成发展体系。相应地，制度建设、物质环境也可能反过来改变乡村的精神核心，使其更有利于乡村社会的发展。

（二）我国乡村文化发展与复兴目标

1. 当前我国乡村文化面临的问题

我国以农立国，乡村是中华民族的发源地与繁衍地，乡村文化也一直是社会文化的核心组成部分。经历过工业革命后，农业从经济主战场退出，乡村文化精神内核也受到前所未有的冲击。近几年，随着不断增大的城市生活压力、不断恶化的城市环境以及逐渐回归的传统文化，人们开始重新审视乡村及乡村文化的价值与意义。重创下的乡村文化面临着延续危机、人才缺乏、与外来文化难以融合等问题。

乡村传统文化面临延续危机。乡村文化通过乡村社会成员的后天习得进行延续。而当前乡村面临着产业凋敝、原有成员离开乡村共同体的发展窘境，"空心村"状况日益严重。这就使得乡村的常住居民以老人为主，乡村的传统文化无人继承。或者有些乡村还有部分年轻人居住，但这些年轻人也多在城镇工作，他们并不觉得乡村文化有价值，也就不愿意继承。比如，一些具有区域特征的代表性文化，如传统建筑、节日习俗等并不能产生直接的经济效益，年轻人开始抛弃传统的建造技艺与节日习俗，而是仿照城镇进行房屋改造，跟着媒体过感恩节、圣诞节。

乡村文化创新人才缺乏。一种文化需要汲取新的外部养分，并通过文化共同体成员的融合创新，最终实现可持续发展。在我国当下的乡村，乡村共同体成员对共同体文化缺少文化自信，乡村文化与乡村落后的经济发展与生活条件一起被其内部成员抛弃。在这种情况下，乡村文化延续都成问题，更谈不上对外来文化的涵化与创新。而缺少自我更新能力的文化必将随着时间的流逝而逐渐消亡。

乡村文化与外来文化难以融合。在乡村缺少自身"造血"能力的情况下，产业下乡、企业下乡、创客下乡等新生的乡村发展力量开始承担起乡村发展的重任。从现实状况来看，外来人口进入乡村，带来与乡村文化迥异的外来文化。但乡村原成员与新成员间难以融为新的乡村共同体，他们仍然在各自的圈子中生活，在乡村自然分成两个文化族群，原乡村成员觉得自己的领地被侵入了，而新乡村成员又找不到乡土的归属感。这种文化上的隔离严重阻碍了乡村在社会结构、经济产业方面的发展。

2. 我国乡村文化的复兴目标

简单来说，我国乡村文化的复兴目标主要有三个：承继、创新、可持续发展的动力机制。

承继——再现绅士与农夫同源、知识分子与耕者并处的社区结构，打造传统村庄耕读相济、弘扬发展传统文化的生存空间，再造乡土中国培育人才、培育文明的能力。

创新——融入重视个人空间、建设共同平台的现代精神，化解融入市场经济与保持个性品质的两难处境，寻找更自然、更持续、更效率的农耕与社区规范。

可持续发展的动力机制——发挥文化的创造精神与凝聚能

力，修复乡村的社会结构、经济体系、生态环境，形成乡村与城市动态平衡、文化与其他发展要素有机支撑的可持续发展体系。

（三）乡村文化复兴的体系建构

1. 建构原则

（1）保持乡村文化的"乡土"本色

有别于城市文明，乡村文化的核心是其"乡土"本色。近些年，受城市发展冲击，乡村城镇化现象极为严重。以铺装地砖替代青石板，名贵花木代替乡土植物，洋房高楼代替民俗建筑……乡村的"乡土"性作为落后的表征在发展中被逐斥。盲目仿效城市的乡村发展，造成了千村一面，以及外来文明驱逐本土文明的悲剧。乡村之所以成为乡村，文化的"乡土性"是其灵魂与本源。因此，在乡村文化构建过程中，一定要处理好外来文化与本土文化的关系，在保持乡村文化"乡土"本源基础上，吸纳外来文化可资利用的养料，从而推动乡土文化的更新与发展。

（2）激发乡村社会成员的文化认同与自信

一切文化都是人在时间和空间上的印记。乡村文化的发展同样不可能离开人的推动。在乡村文化出现认同危机的背景下，激发乡村社会成员的文化认同与自信至关重要。可以说，没有文化共同体成员的文化认同，一切外在的措施都不可能从根本上扭转乡村文化日渐衰落的事实。因此，乡村文化的建构关键在"自觉"，不在"强制"，这需要乡村社会成员自内而外的推动，主动发现乡村文化发展的内在活力与生命力，并赋予文化持续发展的强大动力与经济支撑。从政府角度而言，通过政策引导、活动参与、经济措施等方式内化乡村社会成员的文化自觉更有效。

（3）提升乡村文化的经济变现能力

文化的发展须以经济作为依托。我国乡村文化衰落的根本原因是在国家发展中，一产农业对二产制造业与三产服务业的让位。因此，乡村文化的振兴首先需要乡村产业的振兴，以产业带动乡村社会成员的经济自觉、文化自觉，形成乡村文化复兴的内生力量。在这一逻辑上，乡村产业的选择应与乡村文化密切相连，并通过产业提升乡村文化的经济变现能力，为乡村社会成员创造以文化为基础的经济收入。在产业兴旺、生活富裕的基础上，乡村文化保护与复兴将成为内部社会成员的自觉，同时乡村文化的自我强化也将成为产业新的推动力量，并最终形成文化、产业良性互动的乡村发展模式。

（4）涵化世界先进文明成果

乡村文化的复兴须以开放的态度，吸收时代文明的优秀文化因子，去粗取精，涵化吸纳。工业革命后，以科技为基因的西方文明通过"发源地—大城市—小城镇—乡村"的路径在不断冲击并改变着世界各地的文化。乡村作为强势文化影响的末梢，更多的是对城市已改良过的文化无条件地追随、模仿。这是一个对自身文化自我否定的过程，削弱了文化自我创造、自我更新的能力。而科技的进步，特别是互联网技术的发展，为乡村文化复兴提供了前所未有的机会。在互联网社会，空间距离变得不再重要，文化的传播路径从单线式变为点对点式。因此，乡村文化的复兴除从自身找动力外，还应密切关注世界各地的文明成果，进行涵化吸纳，在传统的乡土文化精神与现代的生活方式间实现乡村文明的新生。

2. 乡村文化体系的构建途径

（1）双向构建文化共同体

乡村文化共同体的构建不是依靠行政命令，而是社会成员之间在价值观念上达成共识后的自然结果。因此按照规律，乡村文化共同体的建立应在政策引导下，内化为乡村社会成员间的自觉行为，通过自上而下、自下而上的双向作用逐渐推进。

就实操层面而言，可从以下两方面入手：一是在原乡村成员中建立文化自信与文化自尊。建立文化自信最直接有效的方法就是通过产业发展展现乡村文化的经济价值，村民在收入提高的同时自然会自觉保护、传承其文化形式。如当乡村的传统建筑受到市场追捧，建成精品民宿后，村民们会加入民居建筑的保护中，并停止自家老宅的盲目拆建。当然，经济的驱动更多地局限于乡民建立文化自信的表层，真正建立文化自信，需要乡村社会结构、教育结构、服务结构、管理制度等多层面的共同作用。二是善用民间机构与个人的力量。民间文化组织、乡村发展研究者、返乡生活或创业者等民间力量在文化认识、乡村发展模式等方面有较为深刻的思考与丰富的发展资源，他们参与乡村建设往往是以乡村文化认同为基础，因此，由他们来重新定义乡村文化特质，扭转乡民"城市文化先进，乡村文化落后"的观念将更加有效。

在乡村文化共同体的重建中，消融旧乡民与新乡民、传统文化与外来文化天然产生的隔阂是关键。传统的乡村是以血缘为纽带的联结，而由大量外来人口参与的新乡村建设模式，必将改变这一社会结构。因此，新的文化共同体在乡村物态、村规制度、行动利益、精神内涵等方面都会出现新的变化，以适应新的社会关系。当然，文化是一个渐生的过程，文化共同体的形成可能需要数十年，乃至上百年，这需要文化建设者舍弃毕其功于一役的观念，从长远着眼，在文化基础层面搭建可持续的结构框架。

（2）构建文化与旅游产业的共生结构

在对乡村发展现状深入调研、仔细剖析的基础上，构建文化与旅游的共生结构是实现乡村文化复兴的有效手段之一。一方面，旅游产业的关键是构建旅游核心吸引物，并通过旅游产品的打造及外来消费的导入实现与市场的对接，而具有区域独特性与稀缺性的乡村文化恰是核心吸引力构建可依托的根本，因此发展旅游与文化保护具有天然的联系；另一方面，在旅游产业的发展过程中，创意、创新、科技等元素的植入必不可少，同时，旅游人群将带来大量的外来文化因子，这些与传统乡村文化碰撞融合，将有利于形成新的、适应时代需求的乡村文化体系。

文化与经济的共生结构将产生"强者恒强"的发展效应，在文化与经济的互促发展中，乡村将改变目前人口单向流出、产业逐渐衰落的现状，而形成产业兴旺、人口双向流动的可持续发展结构。

（3）多方合力构建乡村公共文化服务体系

构建与城市均等的公共服务是乡村振兴的关键性要素。其中，乡村公共文化服务体系包括文化设施、文化活动、文化服务机构等多方面内容，其构建直接影响着乡村文化复兴的落地性与可持续性。在落地建设层面，需要政府、村集体、下乡企业、乡村居民等各方力量的共同参与。

乡村公共文化服务具有公益性，文化设施的建设、文化资源的提供等需要政府从公共财政中拨款。积极建设乡村文化站、图书馆、博物馆等乡村文化设施，提供免费资源，为乡村文化服务体系构建打好基础。此外，政府层面还可以根据传统乡村文化特征开展文化活动，并为文化融合创设条件，从整体上培育乡村文化氛围；企业层面，下乡企业可将企业经济效益与乡村文化有机联系，在提供乡村公共文化服务的同时，展示推广企业文化，实现文化效益与经济效益的双丰收；村集体作为政府、下乡企业、原住民与外来居民文化沟通的窗口，应深入了解各方诉求，平衡各方文化服务资源，以形成各方满意的公共文化服务体系。此外，乡村居民同时作为文化服务的提供者与消费者，作用不可小觑。特别是乡村外来居民，由于具有较高的文化素养与公益事业服务意识，应调动他们的积极性，使其成为乡村文化建设的工作者与志愿者，发挥其在乡土文化挖掘、地方戏曲保护与传承、乡土文化研修培训等文化服务事业方面的"领头羊"作用。

（4）政策引导构建乡村文化管理保障体系

乡村文化管理保障体系涉及文化制度和产业、资金、人才等多方面因素。在文化制度方面，随着新的乡村经济结构与社区结构的形成，原有的乡村文化制度已经不适应乡村文化的发展，相关政府部门应根据实际简政放权，改变过去面面俱到的文化管理模式，通过宏观政策释放社会的文化建设力量，并根据反馈随时保持政策的弹性机能。在文化产业方面，政府应对重点扶持的相关企业给予财政、土地、审批等方面的政策倾斜，并保持可持续性。在资金保障方面，政府应建立多元化的乡村文化资金渠道，除在财政划拨方面给予一定倾斜外，应通过与金融机构、文化基金等的合作，为乡村文化提供建设资金，同时还应积极引入教科文组织等社会公益机构，以增加乡村文化的建设力量与资金来源。

在人才管理与保障方面，政府应进行文化事业单位的人事制度改革，建立岗位责任制，为各项文化政策的落实提供人力保障；此外，还应重视乡村文化艺术人才的规划、培育与开发，对乡村原有的传统技艺人才应给予政策保护，对外来文化艺术人才给予政策优惠，以确保乡村文化的健康发展。

乡村文化的建设除受制度、文化企业、资金、人才等直接因素影响外，乡村的教育体系、信息化体系、法律保障体系等也影响着文化的建设水平。相关部门应协力合作，保障乡村综合体系的平衡与发展。

综上所述，乡村文化是乡村振兴的资源基础与思想基础，只有充分认识乡村文化的社会价值、经济价值，乡村振兴才能活水长流、持续推进。

二、农耕文化的旅游化创新

农耕文化是乡村文明的核心，也是我国传统文化的源头。2018 年的中央一号文件提出，要切实保护好优秀农耕文化遗产，推动农耕文化遗产合理适度利用，深入挖掘农耕文化蕴含的优秀思想观念、人文精神、道德规范，充分发挥其在凝聚人心、教化群众、淳化民风中的重要作用。我国农耕文化起源于新石器时代，包括农业起源、农业工具、农业种类、农业历法、农业节庆、农业祭祀、农业制度、农业习俗、农业水利、农耕方式、农业思想、农科著作、农业文学、农业艺术、农业村落文化、农业美食、农业景观、农贸交流、农业延伸等诸多方面。农耕文化的传承，除了要加强文物、建筑、农田的保护力度外，还要通过创造性载体实现创新性的发展。旅游就是一种重要手段，因此本文重点探讨农耕文化实现旅游化创新的八大手段。

（一）我国农耕文化的历史传承和价值转换

"四体不勤、五谷不分"曾经是讽刺不事稼穑、不辨五谷，脱离生产劳动，缺乏生产知识的农村游手好闲者和书呆子之言，现在却成了城市化进程中大多数人的画像特征。越来越多人脱离了农业生产，加之以规模化、机械化为主的现代化农业的发展，中国传统农耕文化日渐远离人们的生活，因此，保护和传承中国农耕文化变得日趋紧迫和重要。

活态保护和薪火相传固然最佳，但面对轰轰烈烈裹挟一切、摧毁一切的城市化运动和越来越多的"空心村"，日渐式微的中国农耕文化面临极大的断崖式湮没、消失的风险。因此，需要我们以眷恋故土、回望家园、守护乡愁的赤子之情，对中国农耕文化进行感恩式、偿债式和救赎式的拯救及细心呵护，让我们的子子孙孙千秋万代，还能找到其血脉之河的上游，找到其祖先曾经生活的、生命和心灵曾经安放的故乡。

当故乡的泥房子坍塌，当城镇化建设摧毁了"老家"风貌，当房地产建设改变了家乡的空间场域，当我们的工作和生活中不再需要和农具发生任何关系，我们该以什么样的方式对故乡和中国农耕文化进行妥善的保护和传承？

由此，中国农耕文化博物馆及各地农耕文化博物馆的成立便极为重要，搜集、整理、设立农耕文化博物馆，这项工作，各级各地政府一定不能缺席、拖延和敷衍。

对于普通市民来说，除了参观和了解农耕文化博物馆外，应该有更多的机会和方式参与、体验农耕文化，加深对中国农耕文化的了解，增强对中国农耕文化的兴趣和记忆。

农耕文化的深度体验需要通过旅游化方式进行创新，将中国农耕文化融入现代人的休闲、娱乐以及衣、食、住、行、学、商、养等日常生活中。通过喜闻乐见、互动参与的方式，让现代人学习农耕文化知识，传承精耕细作、精益求精、勤劳坚强、只问耕耘不问收获的优秀精神，并指导现代人的生活、工作和学习。比较而言，主题游乐等体验方式更利于农耕文化的传播与发扬。

（二）我国农耕文化的旅游化创新方法

目前，我国农耕文化的推广以传统的博物馆陈列展览为主，无法满足消费者的审美、互动和游乐需求，古板、枯燥的说教式解说也难以全面呈现一个地区农耕文化的全貌。为此，我们从以下八个角度提炼了农耕文化的旅游化创新方法。

1. 活态化——将非遗古法工艺展示活态化

我国是历史悠久、幅员辽阔的农业大国，自然与人文的地域性差异创造了种类多样、特色明显、内容丰富的农业文化遗产。体验经济时代，将文化遗产束之高阁已经不是最佳的保护方式，以活态化的方式呈现乡村民间技艺和农业艺术作品才是最好的选择，比如荆州的九佬十八匠项目，通过前店后院的形式，打造了一个非遗文化传承地，游客可以在现场看到漆器等十几种工艺的工匠们在用传统的古法制作精美手工艺品的过程，匠人们既是在生产，同时也在表演。游客通过参观制作工艺的复杂流程，可以深入地了解一个精美手作需要的时间、精力和匠心，由此能深刻地理解什么叫工匠精神。

2. 体验化——通过现场参与传承农耕文化

深度挖掘农耕文化，将农事活动与休闲旅游度假相结合，通过原乡、原俗的农耕体验传承农耕文明。如选择一些有趣的农业活动，做好活动组织及安全预案，让游客参与到丰富的农业生产活动中来，从而体验到"锄禾日当午，汗滴禾下土。谁知盘中餐，粒粒皆辛苦"的稼穑之苦，让游客在趣味的农业劳作中明白一饭一食来之不易，学会尊重劳动、敬畏土地、珍惜粮食。

3. 科技化——利用新型科技体验中国农耕文化

随着互联网、人工智能等现代技术的不断发展，农业也逐渐步入信息化、科技化的发展阶段，这助推了农耕文化的华丽转身。田园小火车、3D麦田漂流记、VR麦田（虚拟麦田）、机器人麦田守望者、无服务员智能餐厅、高仿真耕作雕塑、食品加工流程、稻田声光电艺术、温室农业、太空农业、立体农业、体感植物等新一代休闲农业产品，都可以让游客体验多元的农耕文化。

4. 艺术化——农业与艺术结合助推营销

一切艺术皆源于生活，因此农业和艺术具有天然的渊源。古代的农具、生活用具、祭祀舞蹈、生产谣谚等，都是人民在生产实践过程中不断总结、创造、改造形成的。在更加注重旅游审美性的当下，农业成为艺术造景的重要来源之一，如七彩花田、稻田画、麦田怪圈、茶海梯田、稻田迷宫等充满艺术气息的农业景观大量涌现。有的更是做到了极致，如日本的一个乡村——越后妻有，将现代装置艺术和农田景观进行融合，定期举办大地艺术节，激活了衰落的乡村，成为世界著名的艺术节。

5. 文创化——农业与文创深度融合助推"走出去"

文化创意与农业要素的融合，能够将地域特色的农耕文化生动、丰富地呈现给消费者，也可提升农产品的情感及多重消费价值。这是延伸农业产业链、提高农业附加价值、塑造农业品牌形象的有效手段。

我国台湾地区是将休闲农业和特色农产品与文化创意融合的典范。政府首先聘请专业的文创设计机构，对区域范围内的农产品进行调查、收集、整理和遴选，以五感体验、立体性、多元化的说故事技巧和情感设计的原创能力，挖掘当地的独特故事，然后进行全面的统一设计，实现从品牌策划到包装设计到生产流程的改善。同时，对居民进行技能培训，使他们成为合格的文创产品生产人员，最后向市场和游客推出系列化的文创产品，推动传统文化"走出去"。

6. 游戏化——通过农耕文化主题乐园寓教于乐

我国的农耕文化，凝聚了国人几千年的生产和生活智慧，丰富的农业科技和农业工具可以被转化和创新利用，成为当下热衷的旅游爆款产品。

项目组在策划河南的一个项目时，通过收集和整理当地文化资源，发现伏羲、尧、墨子、张衡、诸葛亮等历史名人都曾活动在项目地周边，而他们都发明了许多农耕文化器具，于是在项目里策划了一个小型的古代发明乐园，把农耕文化器械进行改造，变成主题公园的游乐产品。在策划江西的一个项目时，我们发现宋应星在当地写成《天工开物》，于是项目组将天工开物里的农耕生产器械进行转化，创新性地打造了一个小型的以农耕天工文化为主题的天工乐园。

7. 节庆化——多元参与的农业嘉年华盛会

农业嘉年华是以农业生产活动为主题，以狂欢活动为表现形式的休闲农业活动，是拓展都市现代农业实现形式、发展方式、运行模式的一种新探索、新实践。农业嘉年华活动一般举办1~2个月，其中的内容包括特色农产品展销、精品农业擂台赛、农业科技展示、创意农业体验、采摘体验、农地音乐节、小火车、碰碰车、穿梭机、农趣活动、乡村大舞台和花车巡游、3D魔幻迷城、埃及探险、5D动感影院、美食、创意手工、特色居住屋等农业体验和娱乐活动。

以农事为主题的节庆活动，能够在短期内形成农业生产技术、特色农产品、农耕活动、民俗文化等要素的聚集，以多元化的娱乐方式形成人气吸引，这有助于地方农耕文化品牌的塑造和宣传。

8. 全息化——中国农耕文化智慧的现代应用

全息农业，是将地理信息、网络通讯、人工智能等高新技术与生态学、植物学、土壤学等常规农业科学有机结合，在尊重各类生物自然生长规律的同时，充分挖掘利用万物相生相克的天然机理，致力于强化人类和动植物自然进化的生命记忆信息，从而打造生物内循环生态链的农业开发模式。植物网红、智慧种植、全然养殖、四季养生等，都是全息农业的典型应用方式。

植物"网红"：利用中医和农学里的植物之间的生克制化关系，达到空气的净化、环境的美化以及附带的驱蚊防虫作用。

智慧种植：利用传统农业中精细手工类似求道的方法，加入人与自然感应互通的灵性，将一切蔬果倍产化、景观化。如明前茶，利用一种节节草的溶液可以让茶叶停止生长，刚采完以后又可以利用米浆溶液让其快速生长，经此操作，其产量很容易提高3~5倍。另外，利用植物、菌类、水果壳之类的废料，就可以生产出一百多种农药，几乎没有污染，可达到食品级的安全水平。

全然养殖：利用植物酵素、抗生素制作食料，养猪、牛，肉质比现在的任何一种养殖方式都美味，而且养殖成本降至 1/2。

四季养生：任何一种动植物都有个性、功用、景观、复合性价值，每一个年龄段的每一种体质和健康程度的人，在二十四节气里都可以在这里得到无微不至的东方生活方式的调养，许多现代病很容易得到疗治。

全息农业将中国传统农耕文化与当代智慧科技无缝连接，兼顾农业生产、生态环境和生命健康，全息化是农业顺应消费升级趋势，满足人们对无公害、无污染、更多营养、更多能量等高品质生活要素需求的重要发展方向，有着巨大的推广价值。

第四章　现代农业与休闲农业的开发模式

第一节　现代农业与乡村振兴

一、现代农业的内涵分析

现代农业是我国现代化建设的重要组成部分，乡村振兴建设的首要任务，是建立使用现代物质条件装备、通过现代科学技术改造、依托现代经营形式发展、利用现代发展理念指导的新型农业体系。依托于生产物质条件的现代化、科学技术的现代化、管理方式的现代化、传统农民的现代化，借助于规模化、专业化生产的优势以及现代化工业部门和服务部门的要素提供、农业支持保护体系的完善，现代农业具备较高的综合生产率，并实现了高度商业化。

1997年，国家科学技术委员会编辑出版的《中国农业科学技术政策》一书中，将现代农业的内涵分为产前、产中、产后三个领域来表述：产前领域，包括农业机械、化肥、水利、农药、地膜等；产中领域，包括种植业（含种子产业）、林业、畜牧业（含饲料生产）和水产业；产后领域，包括农产品产后加工、储藏、运输、营销及进出口贸易技术等。可见，现代农业不再局限于传统的种植业、养殖业，而是围绕农业生产形成庞大产业集群，在市场机制作用下，农业与其他产业形成稳定的相互依赖、相互促进的利益共同体。

二、乡村振兴战略下的现代农业三大体系

2006 年年底中央农村工作会议上指出，推进新农村建设的首要任务是建设现代农业；2007 年中央一号文件再次强调，发展现代农业是社会主义新农村建设的首要任务；党的十九大明确把"构建现代农业产业体系、生产体系、经营体系"作为实施乡村振兴战略的主要措施之一；2018 年中央一号文件也再次强调乡村振兴产业兴旺，要加快构建现代农业产业体系、生产体系、经营体系。

根据党的十九大报告"乡村振兴战略实施"要求，结合我国农村的实际情况和条件，加快构建现代农业"三大体系"，是推动农业现代化的主要抓手，是现代农业发展的三大支撑。现代农业产业体系是农业产业横向拓展和纵向延伸的有机统筹，现代农业生产体系侧重提升农业生产力，现代农业经营体系侧重完善农业生产关系，三者相辅相成。

（一）构建现代农业产业体系

构建现代农业产业体系，在巩固提升粮食产能的同时，努力推动农村一二三产业融合发展，因地制宜开发各种农业资源，大力推进农业供给侧结构性改革。

推动一二三产业融合发展，就是要改变农村仅依靠农业的单一经济增长结构，促进二三产业深度融合发展。优先发展农产品的精深加工，支持生产、加工、仓储、物流、销售一体化发展，拓展农业的休闲、旅游、科普、教育、文化、养生等功能，延长产业链、增加产品附加值，并促进创意农业、休闲农业、共享农业、订单农业、循环农业等产业的深度融合。

因地制宜开发特色农业资源，培育地方特色优势农业。一方面要深度挖掘农业资源的生态功能，另一方面要立足地方资源优势，探索融合模式，重点扶持特色优势农业，建立品牌效应，提高信誉度，保障食品安全，并进一步增强农产品的出口

能力，提升国际竞争力。

推进农业供给侧结构性改革。一是优化农业的内部结构，调整农业的品种结构、种植结构和空间结构；二是根据市场客观发展规律，在质量安全和绿色生态等方面满足消费者需求；三是对资源和生产要素进行优化配置，提升农业生产效率，加快推进农业产业结构调整步伐。

（二）构建现代农业生产体系

构建现代农业生产体系，需要用现代的生产方式对传统农业进行改造，转变农业要素的投入方式，不断增强农业综合经济效益和抵御市场风险的能力。在增强农业自身生产水平的同时，注重生态环境的开发与保护，坚持推进农业绿色可持续发展，强化科技引领作用，促进农业科技研发和科技成果转化，做到农产品质量以及品牌效应的提升，实现"质量兴农"。

用现代生产方式对传统农业进行升级。即深化农业与高新科学技术的融合发展，大力发展现代农业机械，重点推进互联网、农业物联网、大数据平台、农产品溯源系统等信息化技术，提高生物防治技术在农业生产中的应用。

大力发展循环农业、生态农业。在促进农业发展的同时，加强资源节约和农业废弃物的资源化、能源化利用。一是探索循环农业新模式，促进农业可持续发展，实现农业内部紧密协作、联动发展的新格局；二是减少农药、化肥等投入物的使用，鼓励使用测土配方施肥、水肥一体化技术，实现精准农业；三是加强有机肥、生物有机肥、生物农药及生物防治措施的应用与推广；四是在政策上增加扶持力度，重点培育一批循环农业、生态农业示范区，全面消除农业面源污染。

提高农产品品质，打造特色品牌。推动优势、特色农产品的"三品一标"认证，优先使用公共资源，建设农业标准化生产体系和农产品溯源系统，提高农产品的品质和商品属性，增强农产品的销售信誉度，缓解当前的食品安全问题。同时要发掘、打造、提炼和传播农产品的文化价值，善于发现同类农产品内在、外在的差异化，构建其品牌特征。

（三）构建现代农业经营体系

近些年来，随着农村土地流转的有序开展和农村土地制度的不断完善，各类新型农业经营主体大量涌现，在现代农业发展方面起到了重要的引领作用。现代农业经营体系的构建重点是要培育各类新型农业经营主体和创新农业社会化服务体系。利用好农业公共服务平台，制定一系列科技、金融、财政及人才扶持政策，优化与小农户之间的利益联结机制，形成利益共同体，带动农民增产增收、脱贫致富。

规模化新型农业经营主体是农业现代化的引领力量，主要包括农业龙头企业、农民合作社、家庭农场、种养专业大户等。通过培育新型农业经营主体，可优先体现现代农业机械化、科技化、商业化、规模化、专业化的优势，增强风险抵御能力，并广泛辐射和带动小农户的农业生产、经营。

创新培育农业社会化服务体系。随着新型农业生产经营主体的大力发展和农业经营体制机制的不断改革，农业社会化服务体系的健全成为迫切要求。具体体现在服务装备、服务平台、服务政策三个方面。加强农机服务装备、农产品质量安全检测装备和农业信息化装备的建设；推进农村产权交易平台、金融支农服务平台、经营主体信用服务平台和农产品流通营销平台的建设；加强财政资金、用地用电、税费政策和人才的支持。

三、现代农业的"六化"打造手法

（一）生产主体组织化

目前我国农村人口依然众多，而且分散程度高，生产和经营规模小，整体经济实力、科技水平较低。使农民有序地向现代职业农民转变，关键是加快培育一批与地方农业产业结构相匹配的新型农业生产经营主体，以政府部门为主导、农业产业化龙头企业为核心、农民专业合作社为骨干、家庭农场为重点、高素质的种养大户为基础、各类社会资源共同参与开发，逐步从传统小农户生产方式向农产品生产、精深加工、商品流通与销售、农业社会化服务等一体化的产业链条转变。一方面，农业生产经营主体的组织化可以适应市场经济发展，缓解小农户与市场之间的痛点；另一方面，便于统一制定产品质量标准、农业投入物标准、生产技术标准等农产品标准体系，从质量和品牌效应方面推动农业提升。

（二）生产手段科技化

科学技术的发展与应用是传统农业向现代农业转变的重中之重。2015 年，国务院办公厅印发了《关于加快转变农业发展方式的意见》，这是国家层面首个系统部署转变农业生产发展方式工作的重要文件，为此后中国加快推进现代农业提供了明确的方向。《关于加快转变农业发展方式的意见》中明确提出农业要强化"农业科技自主创新""农业生产机械化""农业信息化"。

科技自主创新，需要结合农业生产实际情况，联合涉农科研企业、农业科研院校、农业科技人才，提升自身的科技创新能力；推动农业生产机械化，是要构建和推广主要农作物全程机械化生产技术体系，是实现现代农业的重要特征之一；农业的信息化发展，就要将互联网技术、农业物联网技术、农产品溯源技术、病虫害监控技术，广泛应用到农业生产、加工、仓储、物流、销售过程中，实现远程数字化、透明化、可视化，不断融合农业产前、产中、产后三大领域，延长产业链条。

（三）产业经营一体化

农业产业经营一体化是关系我国城乡一体化建设的重要组成部分，是一种经济共同体，是农产品进行市场化运作的现代农业模式。

现代农业以市场需求为导向，实现特色、优势农产品的各个产业链条的相互衔接，形成一二三产业深度融合的发展体系。产业经营一体化可促进农业生产精细化、订单化，推动农业服务专业化、社会化，打通农用物资、农产品流通渠道，大大降低原材料消耗、农业投入物消耗、生产消耗和销售成本，实现产业效益内部化，从而提升农业产业综合竞争力。

（四）产业功能多元化

农业不仅具有为人们提供衣、食、住、行等生产、生活原料的经济功能，还具有社会、生态、文明等多种非经济功能。现代农业功能多元化发展是世界范围内重新构建现代农业产业体系的重要基础，也是近年来农业发展的重点领域。

从农业的经济功能角度讲，现代农业的发展方向是不断利用科学技术和现代机械，降低生产过程中产生的各类附加成本，提高农产品的生产效率，在增加农产品产量的同时提升品质，增加农产品的经济附加值。

从农业的社会功能角度讲，现代农业可以增强社会就业吸纳能力，通过培育出大量新型职业农民，缓解大量传统农民的就业压力，促进了社会的稳定发展。

从农业的生态功能角度讲，现代农业强调减少使用农药、化肥、激素、生长调节剂、地膜等化工制品，同时现代农业具有含蓄水源、保持水土、改善土壤结构、调节地区小气候、丰富物种资源等作用，是一种生态温和型的生产方式。

从农业的文化功能角度讲，中国具有数千年的农耕文明，农业是记录中国传统文化、传统生产方式和传统生活方式乃至宗教信仰的重要载体，具有文化景观、文化旅游、科普教育等多种旅游服务价值。

（五）利益分配市场化

2018 年中央一号文件指出"促进小农户和现代农业发展有

机衔接"。

除了生产方面要孵化新型经营主体、培育新型职业农民外，创新小农户与农业龙头企业、农业专业合作社、家庭农场、种养大户之间的利益联结机制，使利益分配市场化，也是保障农民利益的重要措施。

在农业人口中，小农户的占比依然很高，因此在我国全面实施乡村振兴战略过程中，一定要实现小农户与现代农业的对接。小农户目前存在耕地细碎化、老龄化、兼业化严重、信息手段的能力不强、公共资源分配不合理等问题，从长远来讲，要在市场化的运作机制协调下，支持劳动生产者、产品加工者、商品销售者、服务提供商等部门，通过劳动服务、订单农业、共享农业、土地流转、村集体经济分红等形式，建立新型农业经营主体与小农户之间的利益分享机制，将从事农村一二三产业的各种劳动者联结在一起，实现利益分配的市场化。

（六）要素配置高效化

目前我国农业面临着耕地面积规模小、劳动力科技水平不高、生产机械化程度偏低、农业金融服务不足、农业生产组织化偏低等问题，而现代农业产业体系通过市场调节机制，在产前、产中、产后三个领域合理分配各种生产要素，提升土地、劳动力、科技、资本、生产经营主体等要素的投入质量和有效配置率，从而有效提高资产产出率和投入要素的生产率。

第二节 休闲农业开发模式

自 2010 年中央一号文件提出"积极发展休闲农业、乡村旅游、森林旅游和农村服务业，拓展农村非农就业空间"起，休闲农业就成为了农业与旅游产业的重要发展方向。2010 年 7 月，农业部与国家旅游局联合发布《关于开展全国休闲农业与乡村旅游示范县和全国休闲农业示范点创建活动的意见》，提出利用

3 年时间，培育 100 个全国休闲农业与乡村旅游示范县和 300 个全国休闲农业示范点，这标志着休闲农业的实践开始在全国各地铺开。在接下来的几年里，农业部牵头，休闲农业政策密集发布，2013 年，《全国休闲农业发展"十二五"规划》发布；2015 年，《关于积极开发农业多种功能大力促进休闲农业发展的通知》发布；2016 年，《关于大力发展休闲农业的指导意见》发布；2017 年，《关于推动落实休闲农业和乡村旅游发展政策的通知》发布；2018 年 4 月，农业农村部发布《关于开展休闲农业和乡村旅游升级行动的通知》，明确提出"休闲农业和乡村旅游是农业旅游文化'三位一体'、生产生活生态同步改善、农村一二三产业深度融合的新产业新业态新模式"，休闲农业和乡村旅游的升级成为"推进供给侧结构性改革，促进农业转型升级""实施乡村振兴战略"的新动能。

近几年，在政策与市场的双重推动下，休闲农业呈现出"井喷式"增长态势，2017 年我国休闲农业和乡村旅游各类经营主体已达 33 万家，比上年增加了 3 万多家，营业收入近 6 200 亿元。休闲农业在带动农民增收、推动区域发展等方面取得了显著成效。但我们也应看到，我国休闲农业总体发展水平不高，产品较为单一，规模较小，中高端乡村休闲旅游产品和服务供给不足，一二三产业融合尚处在初级阶段，休闲农业的后续发展需要质的提升。

一、休闲农业内涵解读

（一）休闲农业的概念

休闲农业并不是一个通用术语，在不同国家与地区，存在诸多相近的表述，如"观光农业""旅游农业""体验农业""乡村休闲"等。据研究，中文"休闲农业"一词在公开场合最早使用是在 1989 年我国的台湾大学举办的"发展休闲农业研讨会"上。1992 年，我国台湾地区公布实施《休闲农业区设置管理办法》，休闲农业开始正式成为"官方"用词。我国台湾地区"农业委员会"将休闲农业定义为：指利用田园景观、自然生态及环境资源，结合农林牧渔生产、农业经营活动、农村文化及农家生活，提供人们休闲，增进人们对农业及农村的体验为目的的农业经营。以此为源头，内地学者开始介入"休闲农业"的界定，2002年，《全国农业旅游示范地、工业旅游示范点检查标准（试行）》发布，其中对农业旅游点进行了界定：指以农业生产过程、农村风貌、农民劳动生活场景为主要旅游吸引物的旅游点。2013年，农业部印发《全国休闲农业发展"十二五"规划》，从官方层面对"休闲农业"进行了表述。文件指出：休闲农业是贯穿农村一二三产业，融合生产、生活和生态功能，紧密连接农业、农产品加工业、服务业的新型农业产业形态和新型消费业态。至此，我国休闲农业的内涵得以确定。

（二）休闲农业的界定

以《全国休闲农业发展"十二五"规划》中休闲农业的界定为基础，参考国内外业界专家的讨论，休闲农业可以从以下四个方面进行界定。

1. 休闲农业的本质是一种新型农业产业形态

休闲农业既不同于传统的农业生产经营形态，也不同于休闲产业单纯的娱乐服务属性，它是以农业自然生态为核心，将种养殖、林业、牧业、渔业等产业资源与旅游休闲功能进行整合后形成的新型农业产业形态。但休闲农业具有较为明显的季节性与地域性，需要根据农业生产的季节性与地域性特征设计休闲产品，同时也需要通过差异化产品组合，淡化季节性影响。

2. 休闲农业以"三农"为发展基础

休闲农业的发展需要充分考虑农业、农村、农民问题，不能脱离"三农"基础。在农业方面，通过休闲功能的植入，休闲农业的发展可拉长农业产业链，提升农产品的附加价值，实现一二三产业的融合；在农民方面，休闲农业的发展，可充分吸收农村剩余劳动力，在加工业、服务业等方面增加农民就业，同时还可拉动农民创新创业；在农村方面，休闲农业以产业发展带动区域经济发展，同时通过传统文化的传承、基础设施与公共服务设施的完善、城市文化的碰撞，提升社会文明水平。

3. 休闲农业以"三产融合"构建产业形态

休闲农业是一种"泛农业"概念，是传统农业与加工制作、旅游休闲、康体运动，以及科学技术、物联网、互联网等各类产业融合形成的产业形态。因此，休闲农业是以"农"为基础，以休闲化为导向，通过农业与二三产的深度融合，打造丰富的产品类型与活动体验，最终形成一二三产互促发展的创新产业形态。

4. 休闲农业融合生产、生活、生态功能

休闲农业集生产、生活、生态功能于一体，为消费者提供生产体验、农产品购买、生活方式体验、生态环境共享等服务，其目的是通过休闲化打造，充分挖掘乡村的生态优势与文化优势，盘活农村闲置资源，以推动农业增效、农民增收、农村增绿。

二、休闲农业的开发模式

依托不同的资源基础与开发手段，休闲农业有多种开发模式。从实际现状看，艺术观光、休闲聚集、智慧科普、田园养生是休闲农业目前主流的四种开发模式。本文将针对目前休闲农业开发中的问题，围绕这四种开发模式的内容、产品类型、开发要点等进行讨论。

（一）艺术观光型开发

艺术观光型休闲农业是指通过艺术手法的介入，使乡村原有的良田、粮食蔬菜、花卉苗木、乡村农舍、溪流河岸、园艺场地、绿化地带、产业化农业园区、特种养殖业基地等自然、人文景观形成独特的艺术魅力，并以此为核心，融入文化、旅游、休闲元素，打造艺术节、文化村等活动与项目，为旅游者构建以艺术观光休闲为主要内容的产品。这类产品使得游客回归自然，感受大自然的原始美以及艺术与自然融合的震撼力，在山清水秀的自然风光和多姿多彩的艺术形态间放松自己，从而获得一种心灵上的愉悦感。

产品类型：艺术观光休闲产品强调艺术植入与艺术的生活化处理，其产品兼具自然艺术与生活艺术的美感。主要类型详见表4-1。

表4-1 艺术观光型休闲农业的重要产品类别及项目

类别	特点	具体项目
艺术田园观光	创意景观	花海（油菜花、向日葵、薰衣草、胡麻花、郁金香等）、稻田、梯田、花季果园、丰收田园、麦田怪圈、稻田画等
设施农业观光	科技农业景观	立体种植、容器种植、无土栽培、温室栽培、温室花卉、创意农业、基因工厂等
建筑艺术观光	建筑景观	特色民居（竹屋、土屋、窑洞、石头房子等）、生态建筑、仿生建筑等
人文艺术观光	文化记忆	艺术设计小品、博物馆/文化馆/艺术馆、农业遗址等

开发要点：艺术观光型休闲农业的开发以艺术与乡村风貌的改造融合为核心，主要有三个要点：一是以艺术家为核心，多方共同参与。艺术观光休闲产品的打造需要艺术家、原村民、消费者的共同参与，该类产品的核心生命是艺术，需要艺术家倾注心力，对原有的田园、建筑等农业资源进行融合改造，并根据场景进行艺术创新，最终形成具有核心吸引力的艺术观光产品。而艺术观光产品产生的全过程都离不开原村民的参与，原村民提供闲置的乡村农业资源，参与休闲活动的经营，并在

区域发展中受益。由艺术连接起来的消费者，具有较高的忠诚度，通过适当的引导，能够与原村民一起推动区域的艺术发展与产品更新。二是依托区域资源，打造可持续更新的艺术观光休闲模式。艺术具有生命性，与个人生活、时代发展等密切相关，需要持续不断的改造、创新，这样才能为项目注入持续的生命力。因此，这一开发模式应尽量选择具有持续性的艺术活动来带动，以不断保持产品的时代感与创新性。三是以更宽广的视角，打造产品的独特性与典型性。艺术是人类情感的表现，艺术与农业的融合远不是在农业环境中放几个艺术作品那么简单，它需要艺术与乡村风貌的完美融合，需要从人类共通情感中打造农业中的艺术世界，形成具有独特魅力、典型价值的艺术场景与体验。

（二）休闲聚集型开发

休闲聚集型农业开发是以农业为基础，以宁静、松散的自然氛围为依托，以农事体验、花卉观光、科普、运动等多种多样休闲体验活动为核心的一种开发模式。此模式核心在于通过"主题化"途径打造乡村休闲活动和乡村文化的极致化体验，进而通过休闲消费的聚集来提升运营和盈利能力。主题往往能构成项目吸引核，成为吸引人流的利器，并通过主题型特色体验和特色服务内容的提供，留住人群，刺激消费，推动产业升级。

打造重点：主题聚焦下的休闲农业开发主要有三个要点：一是充分挖掘主题资源。基于乡村文化和农业特色，聚焦特色主题进行突破。并通过景观设计和体验情景的融入，让游客感受到主题氛围，并参与其中，满足其体验诉求。二是围绕主题形成产品支撑体系。主题资源及文化的挖掘和定位固然重要，但最终落地是要靠主题型核心产品和项目支撑。三是基于主题形成品牌化发展。在主题体验产品和主题氛围的营造下，通过文创将主题导入"种植、加工、包装、营销"等环节，提升农产品附加值，并借助互联网和微平台，形成互动营销和品牌宣传，拓展游客和消费市场。

产品类型：休闲聚集型开发模式下，结合市场需求和主要功能综合考虑，休闲农业的产品一般分为特色农业类休闲、亲子类休闲、运动类休闲、文化类休闲、科普类休闲及其他特色休闲等类别。详见表4-2。

表4-2 聚集型休闲农业的重要产品类别及项目

类别	特点	具体项目
特色农业类休闲	特色农产品为吸引	花卉休闲游、林果采摘游（草莓、苹果等）、休闲牧业游、葡萄庄园、茶园、水草农场、水稻农庄、竹林生态乐园、休闲渔场等
亲子类休闲	儿童游乐＋亲子活动	亲子乐园、萌宠乐园、番茄庄园、亲子DIY（自己动手）等
运动类休闲	运动拓展	花田/农间迷宫、赛场，农业主题马拉松、趣味运动会、田园风筝节等
文化类休闲	农俗+民俗风情	农耕文化馆、农耕文化主题农庄、民间技艺、民族村落（中华民族村）、乡土艺术主题民宿等
科普类休闲	自然教育＋农业科技展示	农业科普教育、自然教育、科技农业园区、创意农业园等
其他特色休闲	婚礼主题、农业嘉年华、乡村音乐节、乡村市集等	

（三）智慧科普型开发

随着互联网、物联网等信息技术及智慧设备在农业中的广泛应用，智慧农业成为农业转型升级的新途径。智慧农业运用现代科技手段进行农业生产种植，包括智能温室农业、无土栽培、精准农业等现代农业生产和经营内容，具有规模化、产业化、精准化等特点。

智慧科普型休闲农业是基于农业科技内涵，以智慧农业为核心，集科技展示/示范、旅游观光、科普教育及休闲娱乐功能于一体的一种综合开发模式。智慧科普型休闲农业注重延伸科学教育功能，强调智慧科普的同时也强调娱乐参与性，通过体验化产品打造满足游客对科技的探秘和好奇，同时也成为智慧农业的重要宣传窗口。

产品类型：智慧科普型开发模式下，根据主要服务功能来看，一般分为科技观光、科普教育、农业科研、休闲游乐等产品类别。详见表4-3。

表4-3　智慧科普型休闲农业的重要产品类别及项目

类别	特点	具体项目
科技观光	技术展示	智慧农业园、智能温室、设施园艺示范园、沙漠植物室、绿色农业种植园、农业创意馆、智能生态农场等
科普教育	技术普及	教育农场、自然学校、亲子科普活动、智慧农乐园等
农业科研	技术支撑	新型农业科研基地、垂直农业技术馆、健康科技农园、国际农业交流园、会议会展活动等
休闲游乐	趣味体验	AR主题乐园（现实主题乐园）、科技DIY（自己动手）、主题餐厅、主题农事节庆等

开发要点：科技农业资源、科普教育及休闲旅游功能的深度融合是智慧科普型休闲农业开发的关键。在具体实施过程中，应充分利用农业新科技及智慧化管理，并结合农业田园风光、农耕文化等资源，形成"科技+农业+教育+旅游"的创新型产品谱系。

一是打好"科技牌"，做好农业科技的展示和示范。智慧农业从育种到采摘全链生产过程中都与传统农业不同，技术含量高，管理现代，同时有一定的观光展示和虚拟体验等功能，能形成休闲带动效果。

二是做好科普活动及教育课程的设计。在已有资源和生产基础上，针对不同的科普对象（行业内技术人员、行业管理人员，还有青少年等）创新性地从科普内容、体验活动、服务内容等方面形成一套面向市场的科普体验产品体系。

三是补充大众休闲游乐产品体系。在智慧科普的核心产品下，从农业附加价值的实现和项目综合收益角度考虑，要丰富全方位全周期的休闲、趣味、游客体验内容和服务设施，对接市场多层次的体验和游乐需求，实现从深度向广度的市场拓展。

（四）田园养生度假开发模式

近几年，随着人们旅游观念的转变，休闲度假逐渐成为一种趋势，依托蓝色天空、清新空气的乡村田园养生度假受到都市人的追捧。度假型休闲农业以"农作、农事、农活"的体验为基本内容，重点在于享受乡村的生活方式，借以放松身心，达到休闲的目的。通常来说，主要由度假农庄提供田园养生度假服务，并同时提供乡间散步、爬山、滑雪、骑马、划船、漂流等观光、休闲、娱乐、康体、养老等多种配套产品，以丰富乡村度假内容，满足多样化度假需求。

产品类型：田园养生度假休闲农业的主要产品类型有农事体验、绿色生态美食、特色住宿、田园养生、运动休闲等。详见表4-4。

表4-4　田园养生度假型休闲农业的重要产品类别及项目

类别	特点	具体项目
农事体验	田园生活	开心农场（种植、采摘、垂钓）、田园牧歌、养老庄园等
特色农庄住宿	住宿载体	特色农家院和客栈、渔家村、酒庄、木屋、乡村帐篷等
绿色生态美食	食疗养生	农村集市、有机餐厅、新农村怀旧餐厅、温室生态餐厅、农家特色餐厅等
田园养生养老	养生保健	园艺疗法、中医理疗馆、养生会所、生态健身步道等

开发要点：田园养生度假休闲农业的开发主要有四个要点：一是多主体共同开发。田园度假休闲涉及乡村住宿、特色餐饮、养生养老产品等诸多方面，其开发需要村集体、农民、企业的

配合，形成共担责任、共享利益的开发结构。二是闲置资产的利用。在大规模乡村人口进城的背景下，乡村出现大量的闲置房屋、土地，这些闲置资源的充分利用，有利于缓解我国用地矛盾，保护耕地资源，增加农民收入，助益乡村振兴。三是打造田园度假产品独特的"乡土味"。从某种意义上说，田园度假是一次对乡土文化与生活的体验，因此，田园度假产品应通过材质、建筑形态等营造淳朴的乡村氛围，从文化活动、餐饮配套等方面形成乡土的生活方式，让旅游者体会本真的乡土味。四是高品质的乡村度假生活。"乡土味"不等于低端的产品服务，田园度假应在"乡土"基础上，提供丰富的现代休闲配套和高端的度假服务。

需要说明的是，具体到某个休闲农业项目的开发可能涉及艺术观光、主题休闲、科技农业、田园养生等多个层面，在实际操作中，不同项目需要根据其自身的现实条件综合考量，选择最合适的开发模式。

第五章 村庄规划与乡村旅游

第一节 乡村振兴下的村庄规划思考

村庄作为农村居民生活和生产的聚居点，是乡村振兴中重点考虑与提升的要素。按照党的十九大提出的"产业兴旺、生态宜居、乡风文明、治理有效、生活富裕"的乡村振兴战略总要求，村庄规划应在透彻分析发展现状、存在问题的基础上，制定整体发展、整治及管控方案，优化空间布局、保护提升生态环境、完善基础设施与公共服务设计、改善村民住宅条件、传承历史文化和地域文化、实现高效精细化管理、营造和谐的人文环境。

一、乡村振兴下的村庄发展目标

近年来，各地都在积极推进村庄规划编制和实施，取得了一定成效，但照搬城市规划模式、脱离农村实际、指导性和实施性较差等问题普遍存在。进行村庄规划首先要明确乡村振兴下的村庄发展目标。

1. 繁荣的乡村经济

产业发展是促进乡村经济繁荣的根本。农村产业发展应依托田园风光、乡土文化、民俗技艺等独特资源，从自身区位及周边可借势的资源角度出发，确定主导产业，并构建一二三产融合发展的产业集群结构。

2. 便捷的生活设施

基础设施与公共服务设施的完善是提升生活质量的关键，

包括便捷的交通、通讯，水、电、气的充足供应，完善的住宅、医疗、文体设施以及污水、垃圾处理设施等。基础设施应按照现代化城市标准进行配置，公共服务设施的建设应符合当地村民的生产生活习惯，突出地域乡土风貌特色。

3. 良好的生态环境

良好的生态环境是乡村发展的基础保障。一是应实现人与自然的和谐共生，一切建设活动应契合地形地貌、河湖水系等山水格局与自然景观，保持生态系统的良性循环；二是通过街巷环境整治、公共空间打造、环境绿化、景观塑造、污染防治等工程，为乡村居民营造一个清洁、优美、舒适、宁静的健康生活环境。

4. 特色鲜明的乡土文化

乡土文化的保护与传承是乡村延续的价值核心。应通过地域文化的挖掘、活化和文创设计，实现保护基础上的文化传承及创新应用；通过村庄风貌特色的延续与创新，塑造带有乡愁印记的文化环境空间；通过管理机制的建立，保障文化的保护及创新活力。

5. 高效的乡村治理

高效、科学的乡村治理是乡村振兴的重要保障。以自治、法治、德治"三治"融合为原则，通过村规民约的引导、乡贤群体的带动，实现以村民为主体、村委会为主导的全民参与模式。

二、村庄五大发展目标的实现路径

1. 科学进行乡村空间布局及土地利用规划

（1）优化空间布局

科学合理的空间布局既保证了各功能的有效协调与运行，

也决定了村庄的发展形态。村庄规划应在详细梳理现状问题的基础上，合理布局生产、居住、商业、休闲、行政五大功能，并在科学进行交通规划的基础上，延续村庄传统空间格局、街巷肌理和建筑布局，重点进行村庄布局形态、街巷走向与宽度、公共空间和景观廊道等要素的规划。

（2）明晰土地用途

土地是农业增效、乡村稳定、农民增收最基础的生产资料。传统乡村用地布局散乱、粗放利用严重，村庄规划应将土地的用途明晰、重点突出，将上位规划确定的控制指标、规模和布局安排落实到地块，合理布局各类用地，尽量做到生活生产相对分离，同时划分村庄建设用地控制线、永久基本农田保护控制线及蓝线、紫线、黄线等用地控制界线，严格控制村庄建设用地规模。

2. 准确把握产业发展定位，并给予产业用地支持

（1）把控产业发展方向

在梳理产业现状、调查村民发展意愿的基础上，结合上位规划，从两个角度统筹考虑，确定产业发展方向：第一，村庄所处的地理区位。比如，毗邻城市集中建设区的村庄，更适合发展与城区、镇区产业相配套的产业。而远离城市集中建设区的村庄，更适宜从自身的特色优势资源出发，寻找产业发展方向。第二，村庄拥有的资源禀赋。以资源为基础，以市场消费为导向，充分激发村民个体的活力，选择既能体现当地优势，又有市场需求的产品进行创新开发，比如农作物、手工艺品、文化活动、地方传统节日等。

（2）促进"三产"联动融合

以农业为基本依托，以新型经营主体为引领，以利益联结为纽带，通过产业联动、要素集聚、技术渗透、体制创新等方式，将资本、技术以及资源要素进行跨界集约化配置，使农业

生产、农产品加工和销售、餐饮、休闲以及其他服务业有机地整合在一起，使得乡村一二三产业之间紧密相连、协同发展，最终实现农业产业链延伸、产业范围扩展和农民增收。

（3）保障产业用地支持

清理违法建设用地，改善待腾退低效产业用地，优先利用存量用地，以适度集中为原则，根据产业发展逻辑，提出新的产业用地布局及发展策略。

3．完善乡村公共服务和基础设施

（1）乡村公共服务

按政府主导、多方参与的思路，进一步加大政府提供乡村基本公共服务的力度，把乡村公共服务和社会管理分为文体、教育、医疗卫生、就业和社会保障、乡村基础设施和环境建设、农业生产服务、社会管理七个类别，形成具体内容，并划分为政府、村自治组织、市场三个供给主体，同时明确组织实施办法。

针对乡村公共服务受益的地域性和特殊性，结合不同类别村的人口规模和经济条件，按照统筹推进"三个集中"的原则，以节约资源、信息共享为重点，整合村级公共服务和社会管理场所、设施等资源，统一规划，优化功能，集中投入，统筹建设政务服务中心、村级活动中心等公共服务平台，实行基础设施和公共服务设施的合理布局，全面覆盖，并逐步形成一套适应乡村居民生产生活方式转变要求、城乡一体的基本公共服务和社会管理标准体系。

（2）乡村基础设施建设

大致可分为"生产、生活、生态"三类，其中，"生产"类基础设施建设以农田水利设施为代表，根据农业发展需求，加大资金投入，逐步实现农业产业化标准；"生活"类基础设施建设以交通、电力、生活污水收集管网、污水处理设施、无害化卫生厕所改造建设等生活配套设施为主，既要考虑乡村居民生产生活的实际需要，还要根据产业融合发展等要素规模配置基础设施资源；"生态"类基础设施建设，要全面推进乡村清洁工程、污水治理工程，建立健全乡村居民自我管理机制、清扫清运机制、经费保障机制等长效机制，切实改善乡村人居环境。

4. 营造生态宜居的乡村环境

（1）实现人与自然和谐共生

人为建设活动应与自然环境有机融合，空间布局应尊重山形水势，契合地貌，慎砍树、禁挖山、不填湖，避免对田园景观破坏性开发和过度改造，形成绿色发展方式和生活方式。

（2）建设宜人的景观环境

通过对违章建设的处理、公共空间及闲置地的统一管理、导引及宣传设施的规范设置以及垃圾的日常处理等，营造整洁的街巷环境；加强村旁、宅旁、水旁、路旁、院内以及闲置地块的绿化美化工作，推进道路林荫化、乡村特色风貌园林化、庭院花果化，打造人与自然和谐相处的生态环境。

（3）推广农牧结合生态养殖模式

以规模化、生态化为方向，建设规模化生态畜禽养殖场、养殖小区，推进畜禽养殖区和居民生活区科学分离，促进畜禽粪污从点上污染向集中治理转变，提高资源化利用水平。积极开发生物质能资源，培育以农作物秸秆为主要原料的生物质燃料、肥料、饲料等生物质能产业。以保护水域生态环境、修复水域水质为目的，认真执行环保和渔业法律法规。

（4）加强垃圾及污染处理

乡村生活污水处理覆盖率达到80%以上，垃圾清运率和处置率达到90%以上，畜禽粪便基本实现资源化利用，配套粪污处理设施达到100%，农作物秸秆综合利用率达到85%以上，农膜回收率达到 80% 以上，公厕普及率达到 100% 等。另外，推进"减煤换煤、清洁空气"行动，推广使用电能、太阳能、沼气、天然气等清洁能源。

5. 构建"三治"结合的乡村治理机制

（1）在法治框架内创新自治制度

村民自治要有规章制度作为保障，制定村规民约是对传统农耕社会制度遗产的扬弃和继承，是成本最低、效率最高的乡村基层制度安排。村民自治也要有组织作为保障，要大力培育多元化的乡村基层社会自治组织，提升乡村弱势群体的社会资本和组织资本。

（2）夯实乡村治理的道德基础

中共十八届四中全会通过的《中共中央关于全面推进依法治国若干重大问题的决定》提出："坚持依法治国和以德治国相结合。国家和社会治理需要法律和道德共同发挥作用。"有的乡村基层组织在实践探索中提出："德治是基础，法治是保障，自治是目标。"抓德治这个基础，要把党建摆在首位。抓住了基层党员领导干部这个"关键少数"，就抓住了问题的根本。

三、村庄规划的方法与内容

村庄规划是一种对落地性要求很强的规划，适宜以问题为导向，针对具体现状问题，提出针对性解决策略及方案。

1. 规划方法：以问题为导向，村民广泛参与

第一，需要深入村庄进行调查分析。通过实地调查、入户访谈、问卷调查、召开座谈会等多次、多形式的调查，全面、准确地了解村庄发展现状，并尽可能广泛了解村民的需求和意愿。

第二，根据调查资料，运用多种分析方法，进行问题归纳总结。针对居民收入、居民结构等一些可量化的指标，采用数

据分析法，以分析图表的形式进行归纳总结；针对用地现状、基础设施与公共服务设施现状、资源现状等可视化的指标，采用图纸分析法，以现状分析图的形式进行归纳总结。最终通过多种分析方法与结论的整合，结合上位规划与村民意愿，归纳村庄目前存在的关键问题。

第三，以问题为导向，以五大发展目标实现为基础，构建发展模式，形成发展战略及发展思路。

第四，在发展思路确定的基础上，具体落地空间、土地利用、基础设施、服务设施、产业、景观风貌等的规划和设计。规划应充分征询民意，尊重村民意愿，保护村民权益，引导村民参与。

2. 规划内容

(1) 三大基础分析：发展现状分析、上位规划分析、规划实施评估

发展现状分析：从村庄的区位现状、人口规模及构成、用地规模及性质、产业发展、资源现状、基础设施与公共服务设施、乡村治理、乡村文化保护与传承等方面分析村庄的发展现状。针对不同类型的村庄，现状分析应各有侧重，如针对处于城镇发展周边的村庄，应对其与城镇发展的对接做深入分析。

上位规划分析：明确上位规划对本村庄的要求与定位。

规划实施评估：结合已有的村庄规划，调研分析目前的规划实施情况，总结典型问题。

(2) 三大顶层设计：发展战略、发展目标、发展定位

发展战略：根据基础分析的问题总结，确定村庄的发展战略。

发展定位：在发展战略的指导下，根据村庄的具体类型及优势基础，提出发展定位。

发展目标：提出村庄的近远期发展目标。

（3）五大规划实施

产业发展规划：结合全镇乃至全县产业发展定位，研究村庄所在区域与自身优势资源，确定村庄产业特色与发展定位，提出产业发展的策略、具体措施、发展途径及空间布局。

村域控制与村庄发展规划：从村域发展控制层面，明确村庄安全防灾、基本农田、生态环境资源、风貌协调区等的范围和控制要求。从村庄发展层面，明确村庄建设用地控制线、居民点控制要求、各类设施的用地范围和控制要求，提出公共设施的范围、配置及控制要求。

村庄基础设施与公共服务设施规划：结合村庄的人口规模和发展实际，提出基础设施、公共服务设施的规划目标和布局方案。基础设施规划要包括道路交通、供水、排水、能源供应、环卫、通信设施等。公共服务设施规划应包括教育、医疗、文化体育、社会福利等设施。

民居提升改造规划设计：深入了解村民生产生活需要，结合当地传统建筑的布局和特色，从平面布局、建筑形式、建筑立面改造、公共环境等角度，进行民居的提升改造设计。

生态环境保护规划：明确山、水、田、林等各类景观资源特色，提出具体、切实可行的保护措施和要求。

除生态环境保护规划外，对历史文化资源较丰富的村庄，应提出村庄历史文化资源保护策略。

（4）其他保障措施

为更好地促进村庄发展，结合市场发展需求，村庄规划还应对电商平台建设、乡村文化建设、基层组织建设等软件建设，给出指导意见。

第二节　乡村旅游规划

乡村旅游涉及乡村社会、经济、文化、生态等各层面结构的重塑。乡村旅游规划绝不仅仅是旅游设施、旅游业态、旅游产品等旅游要素的安排，还涉及乡村产业、空间结构、风情风貌等各方面的统筹。

一、乡村旅游的内涵

乡村旅游与乡村发展、农民增收、农业现代化发展、旅游市场趋势等各方面都有着千丝万缕的联系，目前学术界对乡村旅游并没有完全统一的定义。经过对国内外学者论述的分析，乡村旅游本质上是一种以旅游产业为核心的经济活动，其对乡村社会的推动与当地居民收入的提升，都是基于旅游活动的副产品，只有厘清乡村旅游的"旅游"本质，才能实现乡村旅游的发展带动作用。因此，乡村旅游是指以乡风观光、乡野休闲、乡俗体验、乡居度假为目的，以农业生产、农村风貌、农民生活为基本载体的旅游活动。

区别于城市旅游，乡村旅游有其独特的内涵特征。"位于乡村地区"与"以乡村性为旅游核心吸引物"是乡村旅游的两个必要条件。从旅游角度而言，乡村地区主要指具有优良的生态环境、农田景观、农舍等地方特色建筑、地方特色小吃、传统生活习俗的区域。乡村性主要体现在三个方面：一是"乡里乡亲"的空间氛围，这是乡村旅游的空间基础；二是乡村的生态环境、田园风光、社会人文环境，以及独特的区域特色文化、节庆活动、生活方式、特色餐饮等，这种乡土的唯一性成为乡村旅游的核心吸引力；三是由乡村熟人社会所建立起来的家庭、家族、邻里关系，以及孕育出的乡民所构成的乡土社会文化体系，这是乡村文化游、精神游的基础。

近年来，我国乡村旅游发展迅速，但也存在一些问题：一是法规标准不完善，使得乡村旅游规划与落地实施间存在较大落差；二是乡村旅游建设缺乏统筹，土地利用率低；三是乡村生态环境恶化，居住环境质量低，使乡村旅游建设面临严重的资源环境问题；四是以城市模式发展乡村，造成了千村一面、文化丢失等问题。

二、乡村旅游规划的基本思路

乡村旅游规划既有区域性宏观规划的指导作用，又有策划设计微观落地的实际意义，特别是对生活环境与旅游环境的提升、村落风貌设计改造、交通道路的合理设计、民俗旅游户的落实与运营、传统农业为基础的产业融合规划、特色农业产业园的打造等方面都有很强的指导意义。它具备大生态、大农业、泛旅游的综合意义。因此，乡村旅游应在多规合一理念的指导下，对城乡总体发展布局、乡村的产业、土地利用、乡村景观等进行统一的规划，使乡村旅游纳入区域发展的大格局。此外，在具体规划过程中，应注意导入产业资源、旅游 IP、运营管理机构、开发建设投融资机构等资源，以顺畅对接旅游规划与落地实施。

三、乡村旅游规划的手法

基于多个乡村旅游规划案例的总结，形成了"明确一个定位、突破两个难题、解决三个问题、统筹四个维度、协调五种关系"的"12345"乡村旅游规划方法。

1. 明确一个定位

乡村旅游规划前期，需要明确什么是乡村旅游规划、建设运营主体的责任、规划项目的目的。乡村旅游项目的本质即在乡村区域以旅游为引导的综合产业的开发运营。这个定位包括以下六个关键点：

乡村区域：项目位于乡村某片区域范围，占地数十亩、数百亩、数千亩乃至上万亩。

以旅游为引导：结合项目地的核心差异化特点，利用旅游的引擎功能，快速形成项目的引爆点。通过旅游的搬运属性，吸引城市居民到乡村旅游、休闲、度假，返城时带回当地生产的安全健康农产品。

综合产业：乡村旅游不是简单的农业和简单的旅游，而是以生态、农业、旅游、文化、养生、美丽乡村建设为引导的多种综合产业的有机聚集融合。

建设：项目涉及一、二级开发建设联动。

运营：项目涉及一二三产业运营互动。

商业：项目的本质是打造一组差异化的商品体系、创新一种复合型的商业模式。

2. 突破两个难题

乡村旅游规划初期，需要突破两个难题，即对项目地进行破题和配备人才智库。首先需要对项目地量体裁衣，明确项目地的建设指标，即项目地的开发运营主体"想做什么"，结合实际分析"能做什么"。其次要结合项目地的实况来组织相关行业的专家组建团队，形成规划的智力支撑。

（1）建设指标

建设指标是发展乡村旅游的必要条件，到底需要获取多少建设指标，需要从两个角度进行思考。

想做什么？可以通过科学客观的方法论，通过项目的产业支撑，落实到产品体系，计算出合理的接待量，推导出合理的建设指标。这个建设指标是最理想化的数据。

能做什么？一方面需要通过 GIS 分析，根据不同的项目土地特征计算出合适的建设指标；另一方面需要根据项目所在地的上位规划，向政府相关部门申请合理的土地建设指标。

（2）团队建设

团队建设是指项目核心决策机构、运营管理机构及各专业机构的搭建和执行。乡村旅游是个综合性很强的产业，需要农业专业人员、酒店管理专业人员、营销推广专业人员等多种人才。而中国的乡村旅游真正发展仅仅十几年，综合型的人才极为缺乏，组建合适的团队是乡村旅游实现可持续发展面临的一个难题。

3. 解决三个问题

在乡村旅游规划过程中，明确了"能做什么"和"想做什么"之后，规划主体需要解决三个核心问题，即"做什么""怎么做""为什么"。基于此，才能形成乡村旅游规划的主体内容。

"做什么"是指合理的产业结构支撑体系下系列产品体系的设计，即硬件开发指导思想，包括生态的修复、保护及综合利用，现代农业产业发展，乡村旅游景区开发运营，安全健康农产品及家庭营养配送，家庭养生宜居小镇打造等方向。

"怎么做"是指全面系统的建设运营模式设计，即软性运营管理行为指南，主要包括商业建设、投资收益、招商融资、市场营销、运营管理五方面内容。

"为什么"是指战略体系和定位系统的形成，即投资建设原则框架、产品体系设计及运营模式设计等内容。

4. 统筹四个维度

乡村旅游涉及生态、经济、文化、社会等多个学科内容，在规划过程中，需要统筹好四个维度的关系。

生态维度：项目需要在生态文明建设的指导下，结合当地实际的生态环境情况，整合本区域的生态系统，形成可以造血的生态产业。

经济维度：主要是项目投资收益的合理设计，在确保健康、持续的运营手段基础上，综合提升区域经济水平。

文化维度：以项目地的区域特色文化为基础，统筹泛养生文化、泛农业文化、泛旅游文化等领域。以文化作为项目的重要维度，不仅能为项目确定灵魂和性格，还能作为窗口将整个区域营销出去。

社会维度：乡村旅游项目不仅可以为政府增加税收，解决部分财政收入，还可以通过生态、生产、生活"三位一体"的发展理念实现农业更强、农村更美、农民更富的发展目标，最终打造成区域发展新引擎。

5. 协调五大主体

乡村旅游是一种多要素的产业集合体，涉及政府、建设运营商、合作伙伴、农户和客户等多个相关利益主体。因此，乡村旅游在规划过程中，只有实现各主体之间的核心利益，平衡各方利益关系，方可实现"基业长青"。

（1）政府

在乡村旅游发展中，各级政府的核心诉求是强区、富民、环保，乡村旅游规划需要解答乡村旅游是否能带动当地的农业生产和农村经济发展，是否能使当地农民致富，是否能维护并改善当地生态环境这三个问题。

（2）建设运营商

在乡村旅游发展中，建设运营商的核心诉求是四个与钱有关的问题：钱从哪儿来、钱投到哪儿去、钱怎么生钱、快钱与慢钱之间的关系如何平衡。

第一，钱从哪儿来，即资金的来源问题。乡村旅游项目的资金来源，主要有四个方面：建设运营商自有启动资金与项目发展滚动资金；各项政策性扶持、补贴资金；招商融资；各项政策性低息、贴息、无息贷款。科学合理的争取、运用、平衡以上资金来源，是乡村旅游项目资金保障的重要前提。

第二，钱投到哪儿去，即资金投向的问题。在乡村旅游项目中，需要遵循系统规划、分步实施、启动核心、带动全局的原则，在项目整体实施过程中，既要整体系统规划，也要谨慎的分步实施，从而实现"从无到有、从小到大"的滚动建设运营时序，合理控制资金投入节奏与风险。

第三，钱怎么生钱，即投资收益的问题。投资就是为了产出、为了收益，在乡村旅游项目中，应本着尊重现状、整合资源、因势利导的原则，尽可能地减少大拆大建和重资本投入，以减轻后期的运营压力。同时，在乡村旅游项目中，应多设计一些具有浓郁乡村特色的"软性产品"，如森林寻宝、植物标本、稻草手工、农产品加工体验等，既满足游客接近自然的需求，又能产生相应的经济效益。

第四，快钱、慢钱之间的关系如何平衡，即资金平衡的问题。乡村旅游总体来说是一个投资金额较大、回收周期较长、收益速度较慢的项目，尤其是一些基础设施的建设，需要较大量的资金投入。因此，发展乡村旅游需要部分"短平快"的产品和服务来平衡资金结构，如采取会员制预售，提前收回部分资金；提供专项定制服务，取得增值收益等。

（3）合作伙伴

关于乡村旅游项目的合作伙伴，需要注意以下三个问题。

第一，合作伙伴是指项目在建设运营发展过程中，除了建设运营方股东之外的所有内外部合作伙伴，既有项目内部的运营团队、管理团队、技术团队、执行团队等不同类型的员工队伍，也有项目外部规划设计、营销外包、专项合作等不同阶段的合作机构或个人。

第二，乡村旅游项目的规划应由专业的机构、专业的团队或专业的人士来进行，建设运营方不能承包所有工作，否则将会适得其反。

第三，建设运营方处理好与各种合作伙伴之间关系的核心，是如何组织合作资源，共同做大、做好、做强"蛋糕"，并科学合理的分配好"蛋糕"。

（4）农民

农民是发展乡村旅游事业的主要决定因素。乡村旅游要通过生态、生产、生活的"三生"方式，解决农业、农村、农民的"三农"问题。生态问题不仅与自然环境有关，也与社会环境有关，更与人文环境有关，是"三农"问题存在的核心基础。生产问题是社会发展的第一动力，是乡村经济社会效益提升的主要渠道。此外，在"三农"问题中，农民生活条件改善的本质，不仅是经济收入的提高，还包括社会保障机制的完善。

（5）客户

市场和客户是项目得以发展的根本动力，随着市场的进一步成熟和完善，各个项目所面对的目标客户群体将进一步细分。因此，需要根据每个项目的实际情况，满足某一个目标消费群体在某一时间、某一个方面的消费需求，并规划设计出相应的产品和服务体系。

第三节　乡村旅游的五大创新业态

一、创新型田园城市

随着工业化、城镇化进程的不断推进，在城市经济获得高速增长、城市规模不断扩大的同时，环境恶化、资源短缺、人口膨胀、交通拥堵等"大城市病"日益严重。越来越多的城市人口趋向于前往市郊或者乡村地区，在优质的生态环境和慢节奏的生活中寻求梦想家园。

另外，在城市对人口及资源的强大虹吸效应下，乡村日渐衰落，无法支撑梦想田园生活的再塑造。如今，我国城乡关系已经进入了新的历史阶段，城乡融合需要新理念、新模式、新手法。

（一）创新型田园城市解读

1. 田园与城市融合发展的新模式

据统计，截至 2017 年年末，我国城镇化率为 58.52%，随着城市化进程的加速，农村人口不断向城市流动，为城市的交通、就业以及教育、医疗等公共服务等带来了巨大的压力。为了缓解这一压力，部分大城市通过产业、人口转移，开始向周边疏解城市功能，组团城市之间的关系日益紧密。

随着城市市郊及非城市地域不断发展，城市与乡村的界限逐渐模糊，由此产生了田园与城市相互融合发展的新模式——创新型田园城市。霍华德的田园城市理论认为田园城市包括城市和乡村两个部分，城市四周被农业用地围绕。而创新型田园城市不再是田园包围城市的结构，而是一种田园与城市融合的结构，既拥有城市完善的社会服务功能，又具备乡野庄园的田园生活配置，是城乡融合背景下产生的新型乡村业态形式。这种模式不是田园中的城市聚集，而是田园中的现代农村，重塑了城市结构和农业结构之间的关系，能够实现城市田园化和乡村现代化的双重目标。

2. 打造工作生活一体化的现代乡村生活方式

创新型田园城市的发展模式，是以优越的田园生态环境为载体，以高科技生态产业和先进的经营理念为支撑，改造乡村田园房舍，拓展延伸农业产业链，发挥田园城市观光度假、康体养生、农事体验等多元化功能，实现乡村与城市之间的相互交换，构筑乡居生活的平衡，从而打造田园生态系统下工作生活一体化的现代乡村生活方式。

新时代的现代乡村，立足区域资源禀赋，在保护山水田园的基础上，延续乡村原有的果蔬花卉种植和水产畜牧养殖，并引进高科技智慧产业、文创产业、康养度假产业等生态无污染企业入驻。同时，整合乡村土地资源，打造现代庄园，构筑高端社交商务平台，吸引城市消费聚集，真正实现城市辐射乡村，带动乡村发展。

3. 以农民集中安置的方式盘活土地资源

创新型田园城市的发展关键在于充分利用现有土地资源进行产业和商业开发，在集中安置农民的基础上，推动土地流转，盘活土地资源。乡村地区要想做活土地文章，首先，要为土地权属定界，明确集体土地产权，重点解决人口与土地分配不协调、宅基地权属不明等问题。其次，在自愿、有偿原则的前提下，以村民小组为单位将土地集中流转，价格由企业和农户双方约定。凡改变土地性质转为建设用地的资源，按土地征用政策执行。最后，妥善集中安置农民，高标准建设集中居住用房。根据区域征地补偿政策，对用宅基地置换新房的农民给予补偿，将置换后的宅基地，按照增减挂钩和异地置换政策进行处理。

4. 农民身份的市民化和职业化转变

在创新型田园城市的建设中，以土地流转、农民集中居住为切入点，带动农民角色的转变。一方面是市民化的转变，农民在田园城市中参与产业庄园运营，从事农业生产以外的延伸产业生产，并集中生活在现代化的居住生活区，由此在生产、生活方式上融入城市，转变为田园城市中的"新市民"；另一方面是职业化的转变，为了适应田园城市发展中现代农业、高科技产业和服务业的需求，政府和企业应对当地农民进行生产技术、经营管理等职业化培训，并择优录取上岗，从而提升农民的职业技能，带动农民就业增收。

（二）创新型田园城市的发展结构——以庄园集群为核心

1. 宜居宜业的空间结构

创新型田园城市的空间布局形式多样，可以整合特色小镇、游乐园、绿色环道、特色庄园、标志性景点等多元化项目，打造吸引城市人口消费聚集的空间结构，其核心是构筑宜居宜业的工作生活空间。

田园城市中的居住生活发展区，是城乡融合发展的核心区，也是"新市民"宜居宜业梦想的启程地。在这一区域内，利用集体建设用地开展产业发展和商业经营，不断完善生活基础设施和公共服务设施配置，以满足城市生活多样化的需求。

2. 庄园集群式的核心结构

创新型田园城市发展的核心，是打造以产业庄园为主体的高端产业与服务集群，从而带动城市居民与乡村居民的相互流通，以此平衡乡居人口结构。产业庄园按照 1∶9 配比规划产业用地和农业用地，形成小型产业经营体。其中，10% 集体建设用地，用于产业发展需要的高端实验室、智能化工厂、高端写字楼、金融工作室、社交平台、商务会议空间等的建设。这一区域是集高科技智慧工厂、智慧办公、创意创作、交流会展、休闲商务于一体的庄园建筑核心。90% 农业用地，用以维持优良的生态环境，发展现代高技术农业、生态农业、特色农业、创意农业、休闲农业等基础产业。两者有机结合，由产业开发运营商投资，构建三产融合、宜产宜商宜旅宜居、一流田园意境的产业庄园。

创新型田园城市里的庄园式产业集群，是以高端产业为主导，特色产业聚集的产业发展高地。其中，高端产业庄园，是智能制造与商务庄园的融合，能够吸引创新创业企业、高新技术以及高科技人才入驻，从而大大提升区域发展潜力。度假和休闲庄园，是创新型田园城市中旅游功能的主要载体，结合休闲度假、文化艺术、康体养生等多元化产业，促进一二三产业融合，吸引旅游客群，带动旅游延伸产业链发展。

3. "一庄一品"的特色产业结构

创新型田园城市庄园集群的核心在于多元化的特色产业结构，"一庄一品"是保证庄园可持续发展的关键。基于其高端商务、休闲度假、文化艺术、创新创业聚集区的定位，可以发展商务型庄园集群、休闲型庄园集群、艺术型庄园集群和研发智造型庄园集群。

商务型庄园，以高端会议产业为核心，开发国际会议和企业高端会议承办、商务度假、商务活动、拓展培训等功能，打造会展产业下的田园度假梦想地。休闲型庄园，以提升传统农业附加值为核心，种植高净值农作物，发展农产品精深加工，开展农耕体验、康体养生、教育文化、医疗保健、摄影游乐、体育赛事等一系列项目活动，打造以经营性农业和高产农业相融合的休闲度假产业，聚集田园休闲养生度假客户群。研发智造庄园，通过招商引进高科技企业、新媒体企业、金融企业和高端智造企业，发展云智能产业和服务，将区域打造成智能制造、节能环保、科技服务等研发重点领域。艺术型庄园，一般分布在土地价值较低的区域，发展画家村、艺术村等项目，为艺术家提供工作、会议、展示、交流、聚会的愉悦空间，也为艺术爱好者与大师构建交流互动的空间，以此绽放艺术田园的新生态。

（三）创新型田园城市的开发运营

1. 投融资模式

创新型田园城市的投资渠道一般可以分为四类。一是政府财政资金补助，这类渠道资金主要用于基础设施建设，完善项目地公共服务体系。二是所在村集体融资，聚集农民的零散资金，用于田园城市经营建设，与农民建立利益分配方式，以分红形式给予集资回报。三是开发商投资，由开发商购买或租赁土地的使用权，进行项目开发建设。四是投资商投资，一方面可以投资项目地，企业获取分红；另一方面可以获取某些功能区的使用权，通过经营获益。

2. 运营模式

运营模式方面，主要以政府、企业和村集体作为运营主体，不同主体承担相应责任。政府负责总体规划和基础设施建设，为项目地匹配相应的商业用地，制定优惠政策吸引高科技企业和高端人才入驻。企业参与田园城市建设投资，负责庄园集群和其他项目的经营管理、商业运作，确保商业项目有序发展。村集体负责政府、企业与农民间的利益协调，动员农民参与田园城市建设。多元化的运营主体分工协作，减少了政府的开发投入，避免了过度商业化，同时也兼顾了农民利益，可实现田园城市建设的共建共赢。

3. 盈利模式

开发创新型田园城市可以获得多种形式的盈利，其中，经营收入、出租收入和出售商品收入是主要的盈利途径。开发收入是指通过出售产业园区等项目的经营权而获取的收益；经营收入是通过经营田园城市内的项目或产品，获得相应收益。同时，出租产品或项目的经营权或者土地使用权，能够获得出租收益。另外，出售农业加工产品、旅游商品等可以增加经营者的售卖收入。

二、"慢村"的内涵与建设及运营模式

在逆城镇化现象日益凸显的今天，高品质的乡村生活成为人们追求美好生活的重要方式之一。慢村正是基于这一市场发展态势，以强劲的乡村度假休闲生活需求为前提，将乡村资源与美好生活需求深度结合，同时兼顾乡村振兴与乡村价值重塑而发展起来的一种新型业态形式。

（一）慢村的解读

1. 慢村是乡村振兴与逆城镇化潮流契合点上的重要创新形态

慢村是度假区，又是乡村综合体，更是产业集聚区。它是

一个可以让旅行者放慢脚步，悉心感受乡村特质的目的地；是一个生活品牌，其以"生活，还可以再慢些"为号召，以"慢村的时间，就是奢侈品的终极形态"为产品宗旨，打造一种融合乡村与城市的生活与生产方式。但慢村绝不是一个仅仅为城市居民提供创新业态的品牌 IP（Intellectual Property，智慧财富），它致力于乡村价值的发现、重塑与传播，以及美好乡村的建设。慢村通过"慢村 IP"及产品研发、品牌输出、项目策划、规划设计、开发建设、基金管理、产业运营、物业管理，为我国保留并创造高颜值、超好玩、特安逸、讲品位、有故事、真乡土的乡村。

从我国城镇化发展来看，慢村是乡村振兴与逆城市化潮流契合点上的重要创新形态之一，其背后是对农村、农民、农业，以及工业化城市发展问题的深刻思考与主动出击。投资方不仅仅需要恪守投入产出比的企业发展红线，还要做乡村发展的推动者、乡村资源的整合者、乡村资产升值的主要受益者、乡村公益的践行者、品牌价值的拥有者。

2. 慢村的三大内涵

（1）以"五慢"理念打造乡村生活方式

慢村是对现代快节奏生活的一种抗击。在慢村，以"慢"为生活常态，人们从饮食起居、日常劳作的"慢餐、慢居、慢行、慢游、慢活"中逐渐找回内心的平静与富足，逐渐实现食甘其味、居安其寝、行安其道、游乐其景、活乐其心的新的乡村生活方式。

因此，慢村的产品设计，非常注重通过细节对现代生活中"时间紧迫"的创伤进行修复，重新发现乡村安逸快乐的美好生活，并通过与现代文明的融合，打造精致、有味的新乡村生活方式。

（2）保持村庄原貌与土地关系

从共享角度而言，慢村是对乡村原有闲置资源的再开发，在"真乡土""真受益"的理念下，慢村以"四不变"为基本原则进行开发运营。

一是保持原有村落格局不变，乡村原有的空间格局是乡村人际关系的基本支撑，较小的空间尺度是人与人间亲密关系发展的基础，因此，以追寻乡村慢时光为目标的慢村应保持原有村落格局、空间尺度。

二是保持原有生活方式不变，生活方式是乡村文化的集中体现，从吃穿住行到民俗活动，无不体现着乡村的生活观、价值观。因此，保持乡村原有生活方式是保护区域文化内核的题中之义，也是发展新的融合文化的基础。

三是保持原有用地性质不变，乡村不能抛弃"农"的本质，不能侵犯农民的土地权益，因此，慢村的开发应恪守乡村用地性质不变。

四是保持原有产权关系不变，慢村的开发应以保护原有权利人利益为前提，因此，在积极鼓励通过土地出租等方式进行土地集中开发的同时，应尽量保持乡村原有所有权、承包权不变。

（3）系统性消解农村发展与城市资本的对立矛盾

在传统的乡村开发中，经常出现城市资本通过对乡村资源的租赁开发，赚得盆满钵满，而村集体与农民个人难以获得开发红利的情况。慢村的开发为更大程度上保护农民利益，实行"五优先一自愿"原则。即"物业优先租赁、产权优先购买、就业优先安排、出产优先采购、政策优先覆盖"的五优先与"土地自愿入股"的一自愿相结合的方式，以系统性消解农村发展与城市资本对立的矛盾。更为重要的是慢村"三变"：资源变股权、资金变股金、农民变股东。即将农宅、农地等闲置资产，智力、信息、服务等无形资源转为股权，并将政策扶持资金也转为股权，由农民持有，农民成为股东，共同构成乡村开发主体，成为利益共享者。

慢村通过"三变""四不变""五优先一自愿"，为人们提供更加美好的乡村生产方式，更高品质的乡村生活，实现更加充分、更加平衡的城乡发展。

（二）慢村的四方共建模式

慢村的开发建设，需要资本方、慢村策划运营方、政府、村民各方明确权责，开发权、运营权、土地所有权等权属分立，各方各司其职，共同构建四方共赢的建设模式。

1. 资本方投入资金

企业是慢村开发建设的主体，慢村的建设以社会资本介入，市场化运作为宜。在资金筹措方面，可以通过企业独资，或与政府合作成立 SPV 公司共同出资等方式解决政府建设资金不足的问题。同时企业通过土地整理、土地一级开发、住宅房地产开发、慢村公共服务设施开发等先期投资，获得资产使用权、慢村品牌使用权，并通过慢村发展获得资产的增值，最终实现企业的壮大发展。

2. 慢村策划运营方提供 I-EPC-O 总服务

慢村首创 I-EPC-O 总服务模式，即提供包括 I——IP 孵化、E——规划设计、P——PPP 模式、C——建设施工、O——运营管理等从开发建设到运营管理的一体化、全流程智力服务。在策划阶段，将通过前期研究给出投资决策，在对区域进行详细分析与全方位研究基础上，通过概念性规划确定空间，通过方案设计确定村庄形态；在建设阶段，将依托对慢村 IP 的深刻理解与地块的深入研究，进行建筑设计、景观设计、室内设计的指导，并在建设完成后，进行开业筹备，详细制订营业计划，推广运营方案及管理方案，推进慢村的运营管理工作。

3. 政府提供配套支持

在慢村的开发建设中，政府主要负责用地协调与基础投入。由于慢村涉及环境卫生、村民自治管理、医院银行等公共服务项目与配套项目，这需要政府根据建设需要，整合协调慢村的建设用地，保证慢村项目的顺利建设。此外，由于慢村部分项目具有公益性特征，如村貌改造、环境、厕所等卫生设施建设及卫生清理、村民文化活动、村内道路建设、给排水工程等，这一系列工程都需要政府的基础设施与公共服务资金投入，以完成美丽乡村整体形象的初步提升，建立慢村开发建设的基础。

4. 村民以乡村合作社形式进行经营管理活动

农民在自愿互利的基础上，组建乡村合作社从事乡村产业的运营管理。合作社成员在合作社的管理监督下参与经营性活动，如家庭旅馆、农家乐、商铺等，或作为产业工人服务于景区及度假区。合作社成员以农田及宅基地入股，以此来分享乡村开发所带来的各项收益。合作社在其中主要有五大职能：一是维护社会稳定，合作社通过制度化的管理监督维护乡村旅游市场秩序，构建和谐乡村旅游社区；二是有序组织经营活动，合作社开展的组织化建设和产业化经营，利于乡村旅游发展；三是治理运营环境，合作社持续推进乡村旅游品牌化建设，营造规范化运营环境；四是协调相关工作，合作社对乡村提升、拆迁、安置工作进行协调与管理；五是激发活性，合作社通过股权集体持有，共生分红等方式提高农民收入，激发农民参与乡村旅游建设的积极性和能力。

（三）慢村的发展架构

慢村是乡村发展的着力点，在慢村带动下，乡村将实现经济、社会、文化的全面复兴，形成新时期下可持续的乡村发展结构。

1. 三产联动，形成乡村发展基础

产业是乡村发展的基础，而传统农业难以提供乡村发展的持续动力。在此背景下，慢村以外来消费为发展基础，引入旅游等第三产业，以三产提升一产附加值，推动二产发展，形成三二一产业联动的发展模式，从而为乡村提供持续发展的动力与基础。具体发展逻辑如下：

慢村通过美好乡村生活方式的营造，将对流动性旅游人口及常住创业人口形成吸引，而这些人口聚集所产生的休闲度假、生活创业需求，将大大激发乡村的民宿业、餐饮休闲业、健康服务业、酒店服务业、会议会展业、文旅产业、零售服务业、乡村电子商务、亲子教育业、演艺产业、交通业等第三产业的发展。在第三产业的带动下，将极大提高粮食蔬菜种植、肉禽养殖、水产养殖等第一产业的附加值，种养殖产品不仅能获得农业收益，还将获得旅游带来的商品价值提升，同时推动农产品深加工业与手工艺制作等第二产业的快速发展，最终构成三二一产业联动的发展结构。

2. 多元收益，提高乡村品质

慢村的开发使村民闲置的宅基地与农地得到充分利用，村民获得土地增值分红收益、经营分红收益、股权收益、就业收益等综合发展收益，这极大改善了村民的经济状况，优化了乡村的经济结构。

以经济条件改善为基础，村民将更加注重文化生活水平，以及个人素质的提高，这将整体提高乡村的精神文明水平，为乡村文化发展提供肥沃土壤。

此外，在慢村的带动下，乡村基础设施与服务设施建设将不断完善，景观环境、生活环境与文化环境将极大改善，从而彻底改变乡村原有的老、破、小、穷的形象，使乡村成为品质生活的新代表。

3. 新乡民下乡，完成乡村社会更新

产业的衰败和人口的流失，是乡村衰败的主要原因和表现。而慢村在导入新产业、优化产业结构基础上，还将带动城镇人口、打工青年的回流，改变乡村的人口结构。

慢村的发展，提供了职业农民、农产品销售员、互联网技术人员、农产品包装工人、手工艺品制作人、手作传授师、文创个体户、乡村讲解员、酒店服务员、民宿经营者、美食烹调师、养生保健师等众多的就业机会与职业形态，这将吸引在外打工的乡村青壮年返乡就业，而心怀乡土的新知青、艺术家、创业者、跨界精英等将成为新乡民，组建新社群，与原来的乡村居民一起重塑乡村的人口结构、文化结构与社会结构，使乡村建立起以产业为基础，人口回流为核心的新乡村社会发展模式。

(四) 慢村的总体布局与产品设计

慢村既要满足短居人口的休闲度假需要，更要满足常住人口的休闲生活需要。因此，在产品设计层面，既要有特色的乡村旅游产品、居住产品，还要有满足日常生活的超市、商店、餐饮、休闲等商业服务设施，幼儿园、卫生站、图书馆等公共服务设施，以及满足产业发展需要的创客空间、电商中心等企业服务设施。

1. 空间布局

从空间布局来看，集中了商业与特色乡村业态的休闲娱乐区与常住人口的居住区相对独立，中间通过科教文卫等公共服务设施隔开，这样既保证了常住人口居住环境的静谧与隐私，也保证了休闲娱乐业态的聚集带动效应。同时，村民共生安置的"慢村原舍"紧邻新乡民居住区，便于新旧乡民的交流、文化的融合，以及社会的更新。

2. 服务产品

从服务功能上来看，每个慢村都包含会员制产品、商业产品、公共服务配套产品、居住产品四类产品。

会员制产品以亲子互动教育与乡村体验为主，以会员卡或者门票优惠形式，仅对符合条件的成员开放。其中，亲子互动教育产品包括疯狂农夫（乡村儿童乐园）、自然学堂（亲子自然教育）、非遗学院（亲子传统教育）；乡村体验产品包括慢村田园（有机餐饮农场）、露营地（乡村生态体验）、慢村嘉年华（乡村休闲娱乐）、慢村社戏（原乡文化艺术）等。

商业产品主要满足旅游度假人群的吃、住、购、娱等需求，对所有到访慢村的人群开放。

公共服务配套产品主要为慢村的原住民与新乡民提供基本的公共服务配套，以及为创客群体提供创业的基本场所与服务。

居住产品包括村民共生安置的"慢村原舍"、精英社群下乡的"时间庄园"、创客定义乡村的"我的院子"。三类居住产品各成独立的聚落，共享慢村的公共服务空间，以居住区保持私密性，以公共空间加强融合，激发创造力。

（五）慢村的投资与运营

慢村是在原有村庄结构上的建设与提升，因此，投资额不会像很多建设项目那样，动辄几十亿元，甚至上百亿元。经测算，慢村的投资一般在4亿元左右。其中，基础设施与慢村庄园一般由企业投资，投资额在2亿元左右。而产业产品、公共服务配套产品、居住产品则根据产权、使用权、经营权等的不同，由参与者共同投资，总投资额一般也保持在2亿元左右。

慢村的投资回报期一般在1.5~3年，其主要的营收来自农夫市集、乡村有机餐饮、疯狂农夫、慢村社戏、乡村精品店等能够体现乡村特色，具有稀缺性、乡土性、生态性、体验性的产品。

在具体投资操作上，可以采取单独投资的模式，或采取引入社会资本风险共担的模式，而不同的模式形成不同的利润分红方案。其总原则是在保证村民分红比例的前提下，投资方拥有100%的资产处置权，获得大比例利润。

三、共享农庄

从滴滴打车到共享单车，再到共享农庄，共享经济犹如雨后春笋般在中国这片沃土上生根发芽，茁壮成长。党的"十九大"报告中强调"在中高端消费、创新引领、绿色低碳、共享经济、现代供应链、人力资本服务等领域培育新增长点、形成新动能"。2017年年底，农业部部长韩长赋在农村工作会议上强调，向拓展农业功能要效益，鼓励发展共享农庄、分享农场、创意农业、特色文化产业。共享农庄开始进入国家层面视野。

在深化供给侧结构性改革的大背景下，共享农庄是利用共享经济，盘活乡村闲置资源，提高农民收入，实现乡村现代化，推动乡村振兴的重要举措。在土地流转政策稳步推进过程中，共享农庄将成为乡村经济结构改革与精神文明建设的新动能。

（一）共享经济与共享农庄解读

近年来，共享经济成为世界各国热议的经济理念之一，2011年，美国《时代周刊》更是将"共享经济"列为未来改变世界的十大思想之一。我国从2012年滴滴打车与快的打车成立以来，以共享经济理念催生的创新产品不断涌现。特别是2016年李克强总理在政府工作报告中强调要大力推动包括共享经济等在内的"新经济"后，以共享为理念的平台迅速发展起来。共享农庄即是在这一背景下发展起来的新业态。

共享农庄不同于一般意义上的农庄，它是将共享理念、科学技术与农庄融合为一的乡村农旅融合发展的创新业态模式。具体而言，共享农庄主要有四个特点：以"共享"作为开发、建设、运营的基层理念，通过乡村闲置资源的包装，助力乡村振兴；涉及政府、企业、农村合作社、农户等多主体的参与和利益共享；依托互联网、物联网等技术，实现共享交易服务平台；以"使用"而不是"拥有"为理念，打造一种全新的消费方式。

（二）共享农庄建设的现状与问题

近两年来，"共享经济"理念逐渐深入人心，一些个人、团体、企业等开始尝试共享农庄开发建设。在这方面，海南无疑走在了全国的前列。2017 年 4 月，海南省政府从官方层面首次正式提出"共享农庄"的概念，并在同年 6 月，召开了"以发展'共享农庄'为抓手建设田园综合体和美丽乡村"培训推进会，共享农庄被定位为解决城乡发展中诸多问题的有力武器。同年 9 月，《海南共享农庄创建试点申报方案》发布，海南开始推进共享农庄试点工作，截至 2017 年年底，海南省公布了首批 61 个共享农庄试点，成立了海南共享农庄联盟，共享农庄已经成为海南解决城乡问题的重要载体。

此外，一些省市也已经以企业为开发主体，加入共享农庄建设的行列中。如北京已有 2 000 多套农庄加入"共享农庄"，对外公开出租，年租金在 2 万~5 万元，同时开发企业还为购买者提供定制装修等服务。

综合来看，共享农庄开发还处于起步阶段，出租闲置的乡村房屋，共享乡村的农田及有机农作物是目前主流的发展模式，市场对以使用权为核心的共享农庄产品具有一定认可度。但显然，共享农庄提供的产品还缺乏对共享理念充分的挖掘，互联网、物联网等新技术的介入也稍显不足，共享平台的构建模式，以及企业、政府、农户的合作机制还在探索中，这些都需要参与者在未来发展中转变观念，寻找共享农庄开发建设的创新点与突破点。

（三）共享农庄的结构

1. 共享结构

以乡村闲置资源为基础，共享农庄的共享包括企业与村集体、农民间的股权共享和收益共享；消费者与农民间的资产共享、生产资料共享、生活资料共享、情感共享；开发企业与第三方企业间的市场共享、客源共享等。其中，股权共享、资产共享、生产资料共享和生活资料共享是基本的共享结构，具体体现在房屋与田园资源的共享。

在房屋共享方面，消费者通过购买一定时间期限内的使用权（时权），享有房屋的使用权益，同时还可通过时权交换平台，跨项目、跨区域实现时权的交换，以及时权的转让与馈赠等。在田园共享方面，通过时权共享、产品共享、股权共享（农民、合作社、投资人、消费者的股权相结合）、资产共享和生产生活资料共享等模式，最大限度地运用土地的租赁权和使用权，同时使消费者享有农产品的种植品种选择权、所有权和经营权。

2. 发展结构

企业通过构建共享交易平台推动共享农庄的建设与发展。共享交易平台作为一种媒介，主要对接的是乡村闲置资源与消费者需求，从而实现闲置资源的社会共享。而共享农庄提供的就是这样一个平台，通过协调农户、企业、政府的不同角色，整合资源，构建交易平台，实现乡村与消费者之间的共享。共享农庄是在农户、企业和政府共同支持下建立的，其中农户提供资源支持，企业对共享农庄进行顶层规划设计和开发运营，政府支持引导共享农庄的建立，并提供相关保障。

（四）共享农庄的开发运营模式

1. 顶层设计

从共享农庄的本质来看，共享农庄是共享理念、平台化思维与度假结构、农庄开发结构彼此融合的实体呈现。因此，共享农庄的顶层设计应在充分考虑政府、企业、村集体、农户、消费者各方利益基础上，在从资源挖掘到农庄运营的一体化开发过程中，对农庄的度假结构、整体开发结构、共享模式进行综合性落地设计。好的顶层设计应实现区域的社会效益、经济效益、文化效益的最大化。

共享农庄的度假结构以乡村旅游度假居住为前提，以田园生活为依托，以多维度的消费需求为导向，重点打造生态环境、农家餐饮、田园劳作、乡村文化、乡村生活方式等度假内容，形成集住宿、餐饮、休闲、观光于一体的度假支撑能力。农庄整体开发结构则需要统筹考虑从土地获取到产品运营的全过程，包括农户与整体关系的处理，农庄基础设施与公共服务设施的建设，农庄集散结构的搭建，共享平台的搭建运营，项目的投入产出预算等各方面内容。共享模式则包括共享理念在农庄开发、建设、推广、运营等各阶段的渗透，以及与各主体间共享机制的构建。

2. 合作机制

共享农庄的合作建设模式一般分为三种，即以企业为主体的"企业+农民"或"企业+农民合作社+农户"的模式，以农民合作社为主体的"农民合作社+农民"的模式，以农村集体经济组织为主体的多种形式股份合作模式。其中，企业为主体的模式是目前最常采用的模式，主要涉及企业与政府、第三方市场主体，以及企业与农村合作社农民间合作机制的建立。

企业与政府间的合作模式为政府搭台、企业唱戏。政府主要通过政策引导及土地、资金等政策优惠，为企业提供良好的建设环境，支持企业搭建共享合作平台；在建设过程中，政府的乡村基础设施与企业的共享农庄基础设施应划清权责，通力合作，有效使用建设资金；在建成之后，政府应通过旅交会等政府市场资源，为共享农庄进行宣传推广，支持企业的共享农庄发展。

农户在自愿基础上，将所拥有的承包地、宅基地等资产，注入农村合作社，成立农村集体企业，变为股东。开发企业再与农村合作社、地方政府等成立股份制公司，共同承担共享农庄的开发经营，并共享收益。这一合作模式避免了企业直接向农户租赁闲置资源的纠纷及资产的管理压力，更利于不同参与主体间的分工合作。农民除享有股权分红外，还可受聘到农庄中工作，代为管理农田、民宿等，从而获得稳定的工资收益。

企业与市民的合作贯穿于共享农庄开发与运营的全过程。在共享农庄建设之初，市民可以通过资金入股、购买农庄未来使用权等方式定制个性化产品，进行农庄投资。当农庄建好后，市民可以享有定制的产品，农庄获得收益后，根据初始投资比例进行分红。此外，市民除是"投资者"外，还是"产消者"，即承担了生产者和消费者双重角色，从而可以直接决定种什么、种多少，从而打破传统的农产品销售流通形态，减少无效市场供给。

企业与其他市场主体的合作主要在产品体系构建及营销推广层面。共享农庄运营企业通过招商引资，为农庄导入技术、资本、IP、人才、经验等资源，并通过提供孵化服务，逐步构建农庄多样化的业态结构，这些产品业态与共享农庄自身共同形成市场吸引合力，共享因不同目的而来的消费客群。在产品运营、品牌塑造方面，他们通过协商合作的方式，多渠道、多角度打造品牌，共享品牌红利。

3. 产业模式

共享农庄的产业构建包括两个层面，一是农业自身的转型升级。农业是共享农庄发展的基础，在"农业农村现代化"的总目标下，共享农庄的农业升级应从特色化、有机化、智慧化入手。特色化方面，应依托区域农作物优势，去粗选精，通过现代种植技术，培育独特的农产品种类；有机化方面，应通过现代技术，恢复土地生态活力，并通过鱼稻共生等系统的构建，打造有机农产品品牌；智慧化方面，应在农业管理、农产品推广等方面充分利用互联网、物联网等现代技术，为农业注入更多的现代化元素。二是农业与泛旅游产业的融合发展。农业与旅游、休闲、体育、商务、教育、康养等产业的融合将形成农业泛旅游产业链，带动区域相关产业共同发展。同时吸引技术、资金、人才返乡，为乡村居民提供更多就业岗位，从而实现乡村的可持续发展。

4. 产品模式

共享农庄在实际发展中，常常是几个乃至几十个农庄在某一区域形成组团，组团内的各农庄通过功能的划分与特色的共享，形成一个组合式的发展结构与互补式的产品谱系。在农庄组团的中心地带，可以通过导入外部品牌或内部核心资源的开发，构建一个具有核心吸引力的旅游休闲项目，形成品牌号召力与客群吸引力。

从目前的市场需求来看，田园康养、商务休闲、旅游度假、文创乡创等主题产品将成为共享农庄产品的重要方向。在产品打造方面，应更加注重共享理念的渗透与产品的创新。需要强调的是，共享产品的培育应成为推动共享经济的有力工具，使"共享+"成为农庄独特的旅游吸引力，实现农庄从形到神的"共享"蜕变。

在以"共享+"打造的农庄产品中，依托于乡村闲置房屋包装的时权居住产品将成为未来的重要风口。这类产品通过产权分割、时权转化、酒店化经营、旅行服务四位一体的产品模式实现产权、时权的分割、转化，而产权、使用权的分离又可以演化出使用权交换的相关产品。如通过共享平台的打造，将全国成百上千家共享农庄居住产品的时权进行组合包装，后续根据一定条件，赋予居住时权对等交换土特风物、生产资料、代耕代种等商品与服务的功能。这样不仅实现了共享农庄内部客流的轮动，而且也为农庄导入了大量外部客流，保障了农庄经营价值的提升。

5. 运营模式

与一般农庄及度假产品的运营不同，共享农庄运营模式的独特性主要体现在两方面，一是利用云端互联网技术打造共享交易平台，为全国乃至全球的供需者配对，需求的方向主要在乡村度假、农业开发、"农业+"融合产业开发、金融服务、科技研发、物业服务等方面；二是以资源共享为基础，构建企业、政府、村集体、农户、消费者全员参与的运营模式。

四、市民农庄

近年来，以农家乐、农业观光体验等产品为主要形态的农旅融合模式在一定程度上推动了乡村的发展。但这并不能从根本上解决农村人口流失、产业发展的瓶颈，乡村的可持续发展仍面临严峻局面。市民农庄依托我国乡村土地政策的改革，以乡村休闲居住、返乡创业等市场需求为基础，探索城乡融合发展的新模式。

（一）市民农庄解读

市民农庄由国开金融最早提出，本质上，是一种城乡统筹的开发模式。它以"大企业融合村民企业"为平台、以"顶层设计、系统规划、统筹实施"为方法，以市场化运营为原则，实现市民下乡及资金技术下乡，推动各项生产要素向乡村汇聚，在保障农民获得财产性收益的基础上，使农村发展对接城市需求和城市资源，从而有效回流资金，带动乡村持续发展。

（二）"市民农庄"的战略价值

市民农庄对新常态下国家经济的增长与乡村振兴都具有重要的战略意义。市民农庄模式的实施以市民阶层的消费力与带动力为依托，采取"先在大中城市的周边农村试点，然后再逐步向偏远的农村地区复制"的推进策略。这一模式将持续数年乃至数十年，为中国经济增长提供持续动力。

据国开金融给出的初步测算，按照城市消费辐射直径100千米（一小时交通圈）计算，理论上每个大中城市周边可实施市民农庄模式的面积约3万平方千米，全国累计将超过100万平方千米。每平方千米的乡村建设投资强度不低于1.5亿元（包含农民安置、基础设施、市民农庄、相关的旅游休闲等产业投入），理论投资总量将超过150万亿元。如果按照未来30年持续建设考虑，平均每年的理论投资总量将超过5万亿元（即便在实际运作中打比较大的折扣，总量规模仍然非常可观），这将成为拉动经济增长的持续动力。

在乡村振兴层面，市民农庄依托农村独特资源，通过对乡村的统筹开发，盘活乡村闲置土地，打造满足城市居民不同需求的产品，为乡村导入人口，导入可持续发展的产业，从而激发乡村活力，实现乡村振兴。

市民农庄针对城市人口对有机食品、休闲度假、返乡创业、归田园居等的需求，为市民提供可供租赁的土地，开发有机农产品、居住租赁、休闲度假等产品服务，同时为企业提供旅游开发、创客创业等土地资源，培育乡村产业发展环境，构建人才吸引力，解决乡村发展中的产业与人口问题。

从目前的建设情况来看，全国已有多个市县进行市民农庄的试点工作。如巴南的市民农庄建设、成都大邑县新场市民农场试点、贵州玉屏市民庄园试点、无锡阳山市民农庄暨田园文旅小镇项目、哈尔滨通过市民农庄建设美丽乡村模式等。综合来看，市民农庄的建设强调"三农"发展、旅游打造、城镇化建设的统筹整合。但具体到投融资方式、农旅城统筹模式、乡村再造形态等，目前尚未有统一的模型可供参考，市民农庄的开发建设、管理运营模式有待进一步研究与实践。

（三）市民农庄的开发运营模式

1. 搭建市场化的开发运营平台

市民农庄涉及政府、企业、村集体、村民、市民等多方利益，为保证各方利益，有效利用农村集体土地，可通过地方政府、村集体企业（农民以财产权益入股）、金融机构、市场化机构联合成立混合所有制公司，搭建乡村开发平台，共同负责市民农庄的开发运营。其中，地方政府发挥政策优势，金融机构发挥资金优势，市场化机构发挥运营优势，共担责任，共享收益。

在国开金融的实践中，乡村开发平台下设农业服务公司、物业服务公司、产业运营公司等子公司。其中，农业服务公司是基础，在三方面发挥效力：第一，农业服务公司统一负责乡村农业的经营管理，公司对农田进行统一种植，帮助租赁农庄的市民打理农田，有效提升了农产品的附加值；第二，农业服务公司将更好地利用先进技术，提高生产效率和产品品质；第三，农业服务公司具有较强的市场运营能力，可以对农业品牌进行更有效的包装，采取全方位的营销手段打造农庄品牌。物业服务公司主要为市民农庄、公司总部基地、创客基地等提供保安、保洁、餐饮等服务。产业运营公司为根据市民农庄主导产业成立的文化旅游、运动康养等子公司，主要对乡村的产业设施进行统一的建设运营，实现长期收益。

2. 创新融资模式

市民农庄投融资的关键是盘活农村以土地为核心的可利用资产，这需要大量的开发建设资金，需要政府、金融机构、社会团体群策群力，建立多元化的创新金融支持体系。国开金融在项目的不同推进阶段，采用了不同的融资方式。如在建设期，设立农村产业融合发展投资基金，发挥中央预算内投资的杠杆作用，引导社会资本进行乡村产业投资。金融机构则可以研究建立集体建设用地抵押贷款的金融产品，创新乡村建设的贷款模式。在运营期，金融机构可研究租赁权益质押方式，创新推出市民农庄消费贷款产品。在成熟期，市民农庄可通过资产证券化的方式实现公司上市，运用社会资本提升农民与村集体的财产权益价值。

3. 多方共赢模式

在市民农庄模式下，农民、村集体、开发公司、地方政府等各方通力合作，多方共赢。

农民是这一模式最大的受益者，一方面，他们的经济收入显著增加，除享有劳动薪酬收益外，还通过权益入股的方式激活了资产，每年享受固定的分红收益，财产性收入大幅增加。另一方面，市民农庄的开发大幅提升了乡村的基础设施与公共服务设施建设，改变了农民原有的老旧小的生活环境，他们在享有田园生活的同时，享受着现代化的生活方式。

市场化公司在这一模式下，除实现企业的社会价值外，还将享有多元化的收益，如经营收益、商铺出租收益、租赁收益与产品收益。

地方政府在这一模式下，可以充分利用社会资本解决"三农"问题，实现乡村的可持续发展：一方面，改变传统的农业产业结构，打造一二三产融合的产业体系，为农民创收提供条件；另一方面，使农村实现现代化的生活环境与生活方式。

五、乡村民宿

2015 年 11 月，《国务院办公厅关于加快发展生活性服务业促进消费结构升级的指导意见》发布，首次点明"积极发展客栈民宿、短租公寓、长租公寓等细分业态"，民宿正式进入官方视野。据调查，截至 2016 年年底，我国大陆客栈民宿总数已达 53 852 家。为规范民宿建设，鼓励民营资本进入，国家旅游局于 2017 年 8 月颁布行业标准《旅游民宿基本要求与评价》，民宿建设开始进入规范化、标准化阶段。

近年来，民宿吸引了众多资本进入，包括以携程、首旅集团为代表的旅游服务类资本，以东方园林为代表的市政工程类资本，以及更多的地产和其他旅游相关产业资本。民宿的兴起也催生了以多彩头、"开始吧"为代表的民宿众筹平台。而随着供给侧结构性改革与乡村土地改革的推进，资本与专业的品牌管理运营人才开始介入乡村民宿的建设。乡村民宿是对乡村闲置资源的充分利用，解决了城市资本往哪投、农民手里的资源如何合理利用的问题，它将成为乡村振兴战略又一重要的抓手与平台。

（一）民宿解读

1. 民宿的概念

民宿从概念上可以分为广义的民宿和狭义的民宿。狭义的民宿是利用自有住宅空闲房间，结合当地文化，以家庭副业方式经营，提供餐饮、住宿等服务的场所，强调产权的自有性和经营的副业性。广义的民宿是指区别于一般常见的饭店和旅社之外的，具有独特吸引力的小型旅游接待设施，强调的是主题的特色性。我们这里阐述的民宿更多是指广义上的民宿。

2. 民宿的特征

民宿作为一种有别于传统酒店、饭店、宾馆的住宿业态，之所以能满足市场日益变化的消费需求，得益于其自身的独特性。

第一，民宿的建设相对比较灵活。传统酒店的建设需要经过严格的土地出让、房屋建设等各种手续，而民宿的规模小，体量灵活，可以利用闲置民宅甚至废弃厂房进行改造，建设流程相对简单很多，在短期内就能适应市场消费风格的转换。

第二，民宿对景观资源的利用度高。民宿多临近良好的自然与人文资源，可以利用这些资源提供具有当地特色的经营项目，其本身也会成为旅游体验的资源之一，并与其他资源形成较强的协同和融合能力。

第三，民宿强化人际交流。民宿与当地居民关系密切，客人可以方便地体验当地的风土人情，房型设计比较灵活多样，方便出游家庭或小团体的交流。

第四，民宿在空间与环境设计上强调个性与特色，注重地方性、文化性，这也吸引了对文化需求越来越高的消费市场。

随着网络技术和销售模式的发展，分享经济与短租平台的建设大大提高了民宿客栈的使用便捷度，打破了市场渠道方面的瓶颈。消费升级，需求多样化必然引导中国住宿业走向多元化。未来，人们将把非常态的住民宿客栈行为变得常态化，民宿也将迎来一个持续发展的时期。

（二）民宿的筹建步骤

在民宿迅猛发展的势头下，消费市场却呈现出两种截然不同的发展形态：一方面，以莫干山、丽江为代表的少部分早期民宿发展区，依托成熟的旅游市场表现出强劲的发展活力，部分网红民宿全年无淡季，定价甚至高过星级酒店；另一方面，超过70%的大批新晋民宿经营者，却面临着定位失准、客源不稳的发展困境，在日益激烈的竞争之下举步维艰。民宿的建设供给也受到市场诸多的质疑。有些建设者凭自己的行业背景及对某些单一因素的执着，盲目地开展民宿的建设，很多时候开始就注定了失败，这也是当下很多民宿入住率低、投资回收期长甚至亏损的原因。仅靠情怀难以支撑民宿持久的经营与发展，民宿建设要建立商业思维，它首先是门生意，然后才是门有情怀的生意。投资者既要准确认识民宿的发展前景，更要以科学的思路投入民宿的建设当中。民宿的筹建大致有以下几大重要步骤：项目选址、定位、规划设计、施工建设、融资、运营。

1. 项目选址

（1）选址的重要性

决定一个民宿成功的因素有很多，而选址这个先天性极强的因素是决定成败的根基，因为选址一经确定，民宿的生态环境、旅游圈层及市场方向就大致确立了，选址不理想，后期的建设和运营都会事倍功半。成熟的民宿及民宿聚集区无不具备极佳的选址条件。综合来看，主要有两种选址类型。

一是选址于景区周边，依托景区景点的吸引力，借助先天的旅游住宿市场，与周边娱乐、餐饮等旅游配套共同形成旅游区的旅游服务体系。洱海周边民宿集群就属于这一类型，洱海地处中国独特的地理气候区域，享有绝佳的湖景、山景和人文资源，并形成了良好的旅游环境，这个地区的民宿主要服务前来旅游区观光旅游的消费人群。

二是选址于城市周边，以临近城市庞大的消费市场为动力。一线城市或城市群近郊往往成为各大投资者争抢的热点区域，其消费群体往往没有明确的目的，休闲度假的需求仅仅是身心的放松。这类民宿与主城区的区位与交通的关系成为制约其发展的重要因素，但良好的自然环境同样是硬性条件，就近的旅游景点和资源也会提高民宿的经营品质。

（2）选址的重要因素

影响选址的因素很多，重要因素可归纳为以下几类。

①区位。中国地域辽阔，各地区自然环境、人文风貌、经济发展水平千差万别，人民的消费水平、消费偏好也随之各异。区域的经济发展水平和旅游资源条件是民宿选址时需要考虑的重要因素。

一二线城市或城市群相对全国其他经济水平偏弱的城市来说，居民出游率和出游消费水平都高出许多，这些地区具有较大的中高端旅游消费市场，能够为民宿发展提供坚实的市场基础。另外，有相当一部分地区，或气候宜人，或景观奇丽，或人文深厚，这些地区具有全国性的旅游资源优势，能够吸引大量游客，是孕育民宿的绝佳土壤。

②交通。作为一个需要到达目的地才能消费的行业，交通的便利性对于民宿发展是一个重要因素，距离客源市场的远近决定了潜在消费群体的数量。交通的可达性对不同定位的民宿来说，有不同的要求。对于定位为观光游或景区配套的民宿来说，公共交通可达核心景观的时长不宜超过 30 分钟。对于客群定位为城市近郊自驾休闲度假群体的民宿来说，距离一二线城市主城区不宜超过 2 小时车程，距离临近知名景点不宜超过半小时车程。而在三四线城市，对自驾时间要求则更短。

③区域环境。区域环境是选址当中最为重要的因素，消费者群体选择民宿作为住宿的目的地，首先要对其区域环境认可。评价区域景观时，不仅要考虑山水生态景观的品质，更要考量区域景观的独特性。在所针对的市场环境范围内，其景观越是具有稀缺性、唯一性，其价值就越大。如果民宿选址处在 5A 级景区、世界遗址或一个有着某种象征意义的地区，对应的客流量会比普通景区大很多。

④地块状况。在确定良好的区域环境之后，要考虑具体地块的状况。地块与周边水系、景点、交通干道的关系都影响着民宿的品质。依山傍水的位置、古树、文化遗迹，以及绝佳的观景视野都会给民宿加分。

⑤资源。资源对于民宿来说没有固定的范围和界定，但基本可以划分为两种类型。一类是能带来美好境遇和体验的环境事物。周边方便可达的景区、地块周边独特的草木山水、地区浓厚的文化氛围都属于这类资源。选址的时候占有这类资源越多，资源禀赋也就越强。另一类则是能完善补充民宿功能的相关业态。民宿在旅游产业中主要承担的是"住"这一项要素功能，可以适度延伸吃、游、娱等其他功能。但在实际建设中，

民宿很难把其他要素都囊括，所以民宿周边具有一定的其他配套业态是很重要的，这样不仅能增加民宿的吸引力，也能减少民宿建设的公共服务投入。如医疗、安保等社会服务类的配套，能够为旅游消费者乃至民宿自身提供健康、安全的保障。

⑥基础设施。民宿体量较小，设计及布局上灵活性强，而作为经营主体，给水、排水、强弱电、消防、污染处理等方面都需要细细考虑。如果民宿所建区域配套设施不全面，建设成本及运营成本也会增高；如果电容量不够需要增容，或是缺乏稳定健康的生活用水，可能电力增容或增加生活用水供给设施比改造民宿的成本还要高。特别是在一些距离城镇较远的村落，所有基础设施都要在确定选址之时做系统的规划。

⑦政策。民宿的选址也要考察所在地区的政府态度与相关政策，这是行业最不可控的一个因素。民宿属于新兴的旅游住宿方式，很多地方政策法规的指向性并不明朗，不同地区政府也有着不同的态度，这就决定了办理证件的难易程度。民宿选定地址之前必须要和当地的行政单位进行沟通，确保各级行政机构和当地居民的支持，申请相关经营证照。签订租赁合同的时候确认土地属性和房屋的权属，避免纠纷。目前，大多政府都扶植民宿产业，会提供政策、资源甚至资金方面的支持，也会根据当地特色给予适当引导。

2. 规划设计

民宿的个性、差异化首先体现在空间设计上。民宿的空间设计就是要把定位的精神文化内涵空间化、物质化。民宿在设计当中有以下要点：

首先，民宿追求的不是规模和奢华，重要的是精致而有特色，用独特的设计风格与理念满足市场人群需求，用一砖一瓦、一草一木的细节精心构建民宿的个性与文化精神，并引入新的生活文化理念，激发民宿迸发出自己的个性活力。

其次，在地文化的展示尤为重要。民宿以在地文化生活激发游客的好奇，构成核心吸引力。民宿可以成为一个地区文化展示的窗口，可以表现当地特色风情，让游客体验与自己所在地文化不同的新奇感。因此，民宿的规划设计必须充分挖掘和突出当地文化元素，在保留并凸显在地化元素的过程中创新。

再次，遵循质朴自然的设计原则。民宿度假追求的是一种慢生活态度，是一种回归自然、轻松和谐的意境。规划设计要尊重地域自然生态，营造人与自然、材料与环境的和谐。无论是建筑环境空间还是配套业态，都应该以环保生态为出发点。

最后，民宿需要合理的配套业态补充。游客入住民宿，往往不满足于单一的住宿功能，餐饮、SPA（水疗）、有机农场、儿童游乐等业态会给游客体验带来很大的提升。民宿的配套功能可以借助周边的自然条件因地制宜布局，同时应充分考虑区域的联动效应，与周边业态形成互动。另外，在老建筑的改造设计中，特别需要注意的是建筑结构的稳固性，在设计之初要对老房子进行评估，以明确是否要采取局部或整体加固措施。老房子的防雨防水措施一般相对较差，设计中要考虑必要的增强措施。在北方，由于冬天天气寒冷，室内的保温措施显得尤为重要。在设计过程中，民宿主和设计师需要深入沟通，以保证房间的最终呈现效果。当然，许多民宿主本身就是设计师，可以恣意想象，充分发挥设计师的优势。

3. 硬件建设

硬件建设是开办民宿最为主要的内容，也是民宿情怀的最重要载体，包含建筑、室内、软装、庭院、配套设施等一切物质空间的元素，其中，建筑和环境的空间设计是重中之重。

经过前期调研策划定位、规划设计，民宿建设有了大致的方向和预想效果，接下来的硬件建设将直接决定效果呈现，包括工程概算、建筑施工、软装配饰等。很多民宿的建设是在老房子基础上改造的，这类民宿直接针对老房子进行室内外装饰改造即可，可以免去建筑施工的环节，若有必要，要对老房子进行加固，再对老房子做局部加建或改建。

（1）工程概算

民宿建设的工程预算、成本控制非常重要。在成本投入当中，确保品质的条件下，应尽量减少硬装的花费，避免过分包装，建设完成后，可通过适当的软装提高民宿品质。特别是在相对偏僻的区域，整体物料运输和建造成本较高，应避免过度硬装，适当软装显得尤为重要。在考虑配套业态设施建设时，也要结合整体的投入成本，平衡投资收益。

（2）建筑施工

民宿建筑与庭院空间单体规模小、细节多，建造过程需要设计师、民宿主、施工队三方密切协作。特别是老建筑的改造，在施工过程中，经常出现结构不可动、施工工艺难以实现等不可预见的问题，这就需要三方协商，更改设计方案了。

（3）软装配饰

民宿的软装可以说是空间的画龙点睛之笔。民宿的配饰涵盖范围较广，包括家具、家电、厨卫用品、植物、装饰物等。恰当的配饰选用能够充分展示民宿的文化内涵，而民宿要传达的生活态度也是在建筑空间和室内外各类事物当中体现的。

4. 投资成本构成及融资方式

在民宿建设初期，投资收益的测算极为关键，要经过对市场的调研预判，确保合适的规模、客房数量、定价标准及相关配套。通过各项成本的测算及收益的预测，应重点平衡建设规模及标准，评估项目的可行性，并采取合适的融资方式。

（1）民宿投资成本构成及收益

民宿成本包含建设期成本和运营成本，建设期投入包括土地或房屋租金，设计咨询费用，房屋及相关配套建设装修成本。房屋或土地租金一般会呈现逐年递增的态势，在建设初期要做好经营期内租金的预算，避免后期出现租金跳涨直接影响经营。同时在后期运营中，为维护长期的客源，房屋的装修一般在5～8年会有更新或升级，以保持在不断发展和竞争中的优势。民宿相对体量小，配套的增加会使经营品质得到提升，但同时会带来成本占比的显著增加。

运营期包含营销成本、人员工资、维护维修、水电网费、日常消耗品费用等。民宿开业初期，品牌构建、市场传播都处于萌芽阶段，营销成本相对较高。经过一定时间的培育，在赢得一定市场后，可调整战略，选择更加经济高效的营销渠道，适当降低营销投入。

民宿收益最大的影响因素是入住率，入住率的预测需要对多因素进行综合分析，这些因素一般包括对周边住宿业态和市场类似住宿品类的调研类比，对地区消费水平的评估等。但民宿与传统酒店不同，很难找到精准的对标，故而入住率判断仅是为建设和运营提供一定的参考，在实际开发中，可通过分期建设的方式对市场投石问路，以前期的经营为后续的建设提供决策依据。

（2）民宿融资方式

民宿经营场所的产权大多属于农村集体所有，民宿的产权往往不具备抵押借款的基础条件。作为新兴的住宿业态，民宿发展的前景和稳定性难以判断，这就制约了民宿在很多常规渠道的融资。幸运的是，众筹作为新兴的融资渠道填补了这一空缺。同时在消费升级的背景下，许多不同的行业资本开始青睐民宿的发展，拓宽了民宿的融资渠道。

①众筹。据生活消费领域众筹平台"开始吧"数据统计，截至2017年7月底，在该平台上线的民宿项目近400个，总认筹金额约11亿元，成功率达到90%。一些明星民宿项目，在上线的瞬间就遭遇"疯抢"，比如千里走单骑的太阳宫项目，仅58秒就突破2 000万元认筹额，松赞的丽江项目认筹额达3 936

万元。有些项目也不乏是在炒作，但只要项目可行性高，投资人是会认可的。

现行众筹平台最主要的众筹方式有消费众筹和收益权众筹。消费众筹中投资人将资金投给民宿发起人用以建设，待民宿开始营业后，筹款人按照约定，无偿或优惠为投资人提供服务住宿接待或其他服务。收益权众筹，是投资人将资金投给民宿项目后，投资人享有项目对应股权部分的分红或一定份额的消费。众筹的方式只需要用合同的形式来明确权利和义务，而且合规合法，不需要做股权转让。

对小而美的民宿业态来说，众筹也许是目前民宿最好的融资方式。它不仅解决了资金、用户和品牌，更能保护创始团队的控制权。因为这些投资人并没有投票权，不干涉民宿的运营，只是获得分红。

②股权融资。在旅游业迅猛发展、消费升级的大背景下，资本在旅游行业的投入也出现了迅猛增长。而作为旅游细分领域的非标住宿，自然受到资本的青睐。这几年携程、美团、首旅、如家，以及地产商们纷纷看好民宿领域，希望利用资金、流量及管理优势，分得一杯羹。据不完全统计，民宿已发生十余起融资。2015 年 3 月，宛若故里获得青聪资本 1 000 万元天使轮投资，这也是第一家获得风投的民宿。随后，瓦当瓦舍、诗莉莉、木西民宿、山里寒舍、康藤格拉丹帐篷营地等相继宣布获得融资，而松赞、千里走单骑、大乐之野等首轮融资也已基本完成。2017 年 3 月，青普旅游收购曾经的"民宿第一品牌"花间堂，引发业内轰动。

对于希望做成规模化连锁品牌的民宿来说，股权融资是更好的选择。资本的介入，较好地解决了民宿扩张的资金问题，大大提高了发展速度。同时，某些特定投资人，可以给民宿提供资源，比如投资人有物业资源的可以进行物业导入，投资人有市场渠道资源的会扩展市场方向。

民宿想获得资本的青睐，一开始就要考虑如何搭建独特且不可替代的商业模式，资本要的不是情怀，也不是经营，它更看重的是其对生活方式进行包装的附加值。而随着市场民宿建设规模的不断增加，要想吸引主流资本，民宿的特色也需要更加鲜明，品牌价值需要不断强化。值得注意的是，在赢取投资的同时，也不可一味地迎合资本的要求，防止资本为盲目追求收益的最大化而无限度规模扩张；在连锁复制的同时，更要确保民宿作为非标住宿的个性化品牌特征。而民宿与资本联姻的道路如何走，也需要市场在更长的时间里进行验证。

5. 运营管理

一个成功的民宿，持续良好的运营服务与营销推广必不可少。硬件建设在完成之后，短期内无法做出较大改变，而运营服务与产品营销却有着无限潜力。

（1）民宿的服务与运营

依照民宿新型体验类产品的特征，可将其服务划分为日常规范服务和个性特色服务。

①标准化服务保障民宿有序运营。民宿本质是住宿酒店业，作为服务业，建立一套标准流程化的服务极为重要，这可为有序运营提供保障。民宿运营的标准首先是安全管理，包含治安、消防安全、突发状况应急措施等；其次是日常卫生管理，民宿运营方应建立各项卫生执行要求及标准；再次是入住流程管理，运营方应对预定、入住、就餐、离店等服务节点制定标准化的服务要求。

运营方应依照这些标准的建立指导民宿员工的日常工作。对一些相对偏远或是体量较小的民宿来说，普通服务人员往往是附近居民。在缺乏经验的前提下，订立各项标准、做好岗前培训非常关键。

②以个性特色服务为民宿赋予温度。个性化是民宿品牌的

核心要素，民宿应摆脱星级酒店或快捷酒店千店一面的工业化标准，在保障有序运营的基础上，为消费者提供个性化、有情感和温度的服务。民宿服务的个性化主要体现在三个方面。

一是富有情调的空间场景布置，从民宿入口接待空间的环境到房间内物品的摆置，都有丰富的营造空间。如对环境绿化植物进行美化修整，室外家具、灯具、个性装饰物的摆置，接待处温馨的室内装饰物布局，房间内场景化布置和精心准备的入住小礼品等。

二是民宿人员的服务品质，民宿里的每一个服务人员都需要被充分挖掘和调动，展示他们愉快的精神状态，激发他们的主观能动性，去创造流程之外的优质服务。

三是特色配套服务提供，如具有地方风味的美食，儿童娱乐的活动设施，或者是组织的农事活动等，都可以成为配套服务的一部分。民宿规模小，通过硬件建设做配套，相对总成本会大幅增加，可以考虑以软性的经营、小型体验活动的组织为客人带来增值服务。配套设施或服务所形成的二次销售不但给入住的客人带来独特的体验，同时也能成为经营收入的重要来源。民宿根据自身的核心定位提供特色的服务项目，不一定面面俱到，但一定特色鲜明。如知名品牌民宿客栈诗莉莉主打"泛蜜月"度假理念，营造浪漫情怀的蜜月直营客栈。诗莉莉除在客栈的硬件建设上营造精致的场景外，也在服务上尽显浪漫悉心。当顾客进入店面，贴心的糕点和水果会送到身边，打开房间门，会发现爱心的花瓣早已铺满床边，红酒鲜花早已准备妥当，最为暖心的是，诗莉莉为顾客安排了贴心的私人管家，为顾客呈现一份蜜月的惊喜。同时酒店还有合作的专车，为旅客打造便捷舒适的蜜月旅途，让蜜月的年轻人们可以更好地感受温暖行程的点点滴滴。

个性与标准两者之间矛盾的协调是成就民宿的关键。单纯依赖员工自发性的个性化服务，不利于服务的执行和管理，难以确保服务的持久和品质。因此，个性特色服务标准化、流程化是保证民宿服务品质的重要途径，并且，在服务标准化的过程中，也成就了民宿的标签与品牌。标准的个性化服务在民宿品牌的连锁经营中显得尤为重要。在发展初期，参与管理的民宿主的个性在特色营造上起了重要作用，一些民宿主个人的爱好、情怀或态度行为成了民宿的标志。而在民宿主不参与日常运营的情况下，或是连锁经营的民宿中，民宿特色运营的发挥就要建立在一定的流程之上。

（2）民宿的营销推广

产品营销的方式和渠道多种多样。得益于互联网时代的发展，民宿的销售方式具有下沉式、在线化特征。一般来说，民宿多建在风景秀丽的山区、乡村，受限于区域地理位置，在互联网媒体和平台经济快速发展的今天，很多民宿的销售几乎完全依赖于在线销售。在线销售的主要方式有社交网络、电商平台、口碑营销等。

①社交网络。社交网络包括微信、社群、微博、豆瓣、贴吧、各种旅游论坛等。对于体量比较小的民宿，社交网络可以发挥非常大的作用。第一，相对传统及网络媒体，社交网络免去了大量的媒体渠道投入，成本低，见效快。第二，这一方式直接面对潜在消费人群，宣传比较直接，可信度也比较高，有利于口碑传播。第三，社交网络具有比较高的参与性、分享性和互动性，形成口口相传的口碑效应，这会放大预期的传播效果。第四，社交网络还能实现目标用户的精准营销。

运营者通过对社交平台的经营和挖掘，能够建立属于自己专有的社群，并扩充专属于民宿的会员体系。这是用户二次消费、长期消费的大本营，也是民宿初期维护和建立品牌的根据地。客人体验过以后，也可以参与到社交媒体的传播当中，他们对产品的传播力度也更大。营销上有一个词，叫"自传播"，社交网络就是"自传播"的重要平台。民宿的"自传播"基于不错的民宿产品体验、独特的营销事件或者人物等自身的吸引力，激发人们自发自愿地分享和传播。

②电商平台。成熟的旅游电商平台为民宿的推广和预订提供了完善的渠道，包括交易型电商和内容型电商。交易型电商包括以携程、去哪儿为代表的 OTA（Online Travel Agency，在线旅行社），还有专注于泛民宿预订的 Airbnb、途家等，第三方渠道的交易型电商是最容易的引流渠道，对于顾客来说也是最熟悉的预订平台。内容型电商包括蚂蜂窝、借宿这些网络服务平台，通过游记、攻略等软文的投放、分享传播达到宣传引流的效果。

③口碑营销。无论是线上还是线下，在口碑营销中，忠诚消费者向周边人进行积极的口碑传播都是非常重要的，这种传播也是将潜在消费者转化为最终消费者强有力的工具之一。忠诚的消费者会有很强的品牌黏性，也会积极影响周围人的购买决策。消费者成为品牌营销代言人的最根本原因是对产品和服务的满意、对民宿价值的认可，所以民宿经营者要做好从预订到售后的每一个服务环节，在日常经营中务求顾客满意。在做好产品和服务的同时，还要有意识地推动顾客的传播行为，鼓励顾客在互联网销售平台做出良好的评价，写出产品体验。移动互联网时代几乎每个顾客都有自己的社交圈，顾客在社交媒体上的记录和展示都会给民宿品牌累积不少名气。做好口碑营销，不断丰富品牌价值，是民宿品牌推广的有效路径。

（3）民宿的持续发展

民宿的发展分为就地扩展和连锁经营。无论哪种发展形式，适度规模化都能降低整体的经营和管理成本，促进民宿持续良好的发展，但规模化同时也会带来一些其他问题。

在用地条件允许的条件下，民宿就地扩展相对容易实现。随着民宿客房量的增加，相关业态配套和环境景观配套也随之增加。但是，民宿体量及整体空间的增加，往往造成环境品质的相对降低、"大而难精"的问题随之出现，同时，过大的规模也增加了特色运营服务的难度。因此，民宿的就地扩展型发展应适度控制规模。

在良好经营的条件下，民宿连锁会带来更大的品牌价值和收益。但民宿最大的魅力是个性化与人文特征，在民宿的复制过程中，如何防止其成为流水线产品，保障个性特征是很大的课题。放眼民宿市场，在政策和资本的积极推动下，部分民宿必然走向品牌连锁的道路。真正走向连锁的民宿最终会逐渐脱离原本民宿的概念，转型精品酒店或度假村，着重品牌价值的输出。

第六章　乡村综合开发与田园综合体建设

第一节　乡村综合开发及田园综合体建设概述

面对城乡一体化速度加快，农业供给侧改革深化，生产、经营及组织方式的深刻变革，新形势下的乡村振兴，已经不再仅仅是农业发展或农村发展问题，单一农业农村开发建设，难以适应乡村振兴的需要。

在"生产生活生态"三生融合发展理念的指导下，乡村全面系统整合的综合开发，特别是划定一定区域，通过产业整合、产居整合，促进产业发展与居住社区基础设施一体化、公共服务设施的居民与游客共享化、乡村生活服务设施的社会市场服务化、乡村文化传承与时尚生活化、乡村污染治理及生态修复与环境美化宜居化、循环生态农业的质量提升与养生养老参与体验化等，都使得综合开发成为乡村振兴创新突破的客观要求。

从生产层面来看，单纯依靠农业生产带动农民增收已经无法实现，前几年还呈现出农业等第一产业发展为农民增收带来负数效应的现象，亟须通过产业的融合，形成新的带动引擎；从生活层面看，城镇化的持续推进，一方面加速了乡村的空心化、社会功能的缺失以及公共服务设施的欠账；另一方面带来了城市人对乡村田园生活的向往，两者之间有效对接将形成正反馈激励；从生态层面看，乡村正在渐渐失去小桥流水、阡陌田园的传统印象，农村垃圾处理、面源污染治理、水源安全保护以及绿色农业、有机农业的发展，将构筑起新的生态体系。

因此，乡村振兴不是单一层面提升的跛足结构，而应该充分运用产业融合、产居融合的创新发展理念，引导社会资本与集体经济结合，进行区域综合开发，从而突破原有的农业与农村发展结构，形成若干适应市场需求的新平台、新载体。

田园综合体，正是乡村区域综合开发的一种模式。2017年一号文件，把田园综合体作为重要的模式，引入乡村振兴之中，经过一年半的探索，由很多好的经验，也有一些不好的偏向和问题。但是，作为乡村区域综合开发的一种创新探索，田园综合体的实践，值得进一步深化探索、总结得失、引导发展。

除了田园综合体、乡村区域综合开发外，还有很多创新突破的新模式。比如休闲农业庄园、农业互联网小镇、民俗乡村养老养生社区、市民农庄聚集区、乡村嘉年华等。

乡村综合开发的最大特点，是政府、社会资本、集体组织、农民、城市人群的五方参与与合作，乡村振兴，必须调动这五个方面的高效整合，才能够获得最好的效果。应该大力鼓励和推进乡村区域综合开发的试点探索，形成经验，进行推广。在政府的引导下，集聚社会较多的资本进入乡村，形成乡村有规模的开发，实现乡村振兴市场化的突破发展。

从乡村综合开发的整合内容来看，我们将其区分为两个方面，一是产业融合的综合开发，二是产居融合的综合开发。

一、产业融合的综合开发是乡村振兴的基础

由于城市与乡村之间在经济、就业、社会福利等多方面的不对等，乡村一直处于社会发展的停滞状态，很多时候是城市人力资源、生产资源的提供者，也成为了城市反哺、政府拯救的对象。长期以来，乡村缺乏的就是自身发展动力机制的形成，要想突破，必须首先实现产业的突破。如果在乡村振兴过程中，无法实现产业的市场化、有效化、持续化发展，仅仅依靠政府的资金保障、社会保障、政策保障，恐怕30年后甚至50年后，

都无法实现乡村振兴的真正目标，更无法构建起乡村持续健康发展的社会经济结构。

产业融合的关键在于，以现代农业的有效发展为基础，跳出"农"的限制，引导和推动更多的资本、技术、人才等要素向农业农村流动，通过专业大户、家庭农场、农民合作社、农业产业化龙头企业等融合主体的培育，调动广大农民的积极性、创造性，形成现代农业产业体系，提升农业本身的发展质量；同时由于我国农业生产要素流动机制及农村社会发展的限制，农业本身的增长又具有一定的局限性，因此，应通过新产业、新业态的导入，有效推动农业与文化、科技、生态、旅游、教育、康养等第三产业深度融合，形成农村电子商务、休闲农业、乡村旅游、田园康养等农村新产业新业态，延伸农业产业链，提升农业附加值，并通过保底分红、股份合作、利润返还等多种形式，让农民分享全产业链增值收益。

二、产居融合的综合开发是乡村振兴的特色

良田、屋舍、耕作、袅袅炊烟、独斟自酌、隐居……乡村在我国几千年文化中，就一直代表着一种"桃花源"般的梦想家园。未来的乡村要打造的就是这样一种人人都能回得去的、承载着梦想的、生态和谐发展的田园乡居。因此，逆城镇化趋势下，人们对田园、绿色、乡愁等的追求，将成为中国农村未来发展的最大推动力。

但田园居住、生态宜居，又必须与产业发展紧密结合。如果没有产业发展做后盾，仅仅把农民的住房转化为城市人的别墅，则完全违背社会发展的规律，是国家严令禁止的，也根本不可能带动乡村振兴的有效持续。多产业发展带来乡村人口的重塑，由此带来了多样化的居住，如旅居、养老居住、休闲居住、创业者居住等。

产居综合开发有几大关键点：一是优化空间布局，正确处

理产业发展与生活居住的关系；二是合理协调当地人口、外来创业人口以及外来休闲度假人口之间的居住关系；三是以打造美丽宜居、生态乡村为目标，全力整治农村环境"脏、乱、差"及农村环境污染，优化人居环境；三是区别于传统乡村，需要有效结合各大人群的工作、消费、休闲、度假等多样化需求，实现功能的综合配置；四是完善基础设施、公共服务设施等方面的综合建设，实现配套的综合建设；五是强化乡风建设、安全治安、社会治理，营造文明、有序的生活环境。

产业融合与产居综合开发，涵盖了乡村发展的方方面面。概而言之，未来乡村的发展，将成为以多产业体系带动的、生态宜居的、治理良好的、生活富裕的现代社会区域，是能够提供高质量的基础设施与公共服务，在工作、居住、学习、休闲等各方面能够和城市的生产生活相融合的新型发展区。这些产居融合的新型乡村社区，代替传统村落，代替传统的农业产业区，代替传统的农民居住区，形成新乡村社会形态，成为人们实现田园生活梦想的地方。

未来，随着乡村振兴步伐的加快与落地实施，多种多样的综合开发结构将遍布城郊和广大乡村，成为城乡一体化的典型载体，并与传统村落共同作用，汇聚人流、物流、信息流、资金流，推动乡村实现产业兴旺、生态宜居、乡风文明、治理有效、生活富裕。无论未来政策怎么变动，无论是否还有"田园综合体"这一称呼，我们都认为与其类似的综合开发结构仍将是未来乡村发展的新型增长点。

第二节　田园综合体的模式

一、田园综合体的政策解读

田园综合体作为休闲农业、乡村旅游的创新业态，是城乡一体化发展、农业综合开发、农村综合改革的一种新模式和新路径。2017 年田园综合体首次被写进中央一号文件，财政部、国家农业综合开发办公室相继下发三个开展田园综合体试点工作的文件，指导全国开展田园综合体建设。本文聚焦田园综合体的概念、政策，对其内涵、申报及扶持政策进行解读与分析。

（一）田园综合体概念

1. 国家政策阐述

2017 年 2 月，田园综合体作为乡村新型产业发展的亮点措施被写进中央一号文件，支持有条件的乡村建设以农民合作社为主要载体、让农民充分参与和受益，集循环农业、创意农业、农事体验于一体的田园综合体，通过农业综合开发、农村综合改革转移支付等渠道开展试点示范工作。

2017 年 5 月，财政部下发《关于田园综合体建设试点工作的通知》，明确重点建设内容、立项条件及扶持政策，确定河北、山西、内蒙古自治区、江苏、浙江、福建、江西、山东、河南、湖南、广东、广西壮族自治区、海南、重庆、四川、云南、陕西、甘肃 18 个省份开展田园综合体建设试点，深入推进农业供给侧结构性改革，适应农村发展阶段性需要，遵循农村发展规律和市场经济规律，围绕农业增效、农民增收、农村增绿，支持有条件的乡村加强基础设施、产业支撑、公共服务、环境风貌建设，实现农村生产生活生态"三生同步"、一二三产业"三产融合"、农业文化旅游"三位一体"，积极探索推进农村经济社会全面发展的新模式、新业态、新路径。

2. 田园综合体解读

田园综合体是以企业和地方政府合作的方式，在乡村社会进行的大范围综合性规划、开发、运营，形成的是一个新的社区与生活方式，是企业参与的"农业+文旅+居住"综合发展模式。田园综合体依托于新田园主义，鼓励城乡互动与乡村消费创新，最终实现新型城镇化和城乡一体化的目标。

将传统乡村到田园综合体的变化概括为四大转变，第一个是功能的转变，从简单的农作物生产功能到集生产、加工、销售、展示于一体的复合功能；第二个是模式的转变，从单一的农业模式转化为"农业+"的模式；第三个是产业的转变，从农业产业链转变为综合产业链，产业链从生产端向体验端转移；第四个是价值的转变，从早期的田园产出不高到拓展新的价值空间，实现经济价值、生态价值和生活价值的提升。

田园综合体的特征主要表现在以下五个方面：

以产业为基础：田园综合体以农业为基础性产业，企业充分参与，以农业产业园区的方式提升农业产业，尤其是现代农业。

以文化为灵魂：田园综合体要把当地世代形成的风土民情、乡规民约、民俗演艺等发掘出来，还原村子原貌，开发一个"本来"的村子，让人们可以体验原汁原味的乡土文化和乡村生活。

以体验为活力：将农业生产、农耕文化和农家生活变成消费性产品，让城市居民身临其境体验农业、农事，满足愉悦身心的需求，形成新业态。

创新乡村消费：旅游业可作为驱动性产业去发展，通过创造乡村消费业态带动乡村社会经济的发展，一定程度地弥合城乡之间的差距。

城乡互动：城乡互动是解决文化差异问题的有效途径，田园综合体正是一种实现城市与乡村互动的商业模式。通过创意农业、农事体验的开展，在空间上把城市人和乡村人"搅合"在一起，让他们在行为上互相交织，在文化上得以弥合。

（二）田园综合体的申报与建设

1. 申报部门

财政部农业司（国务院农村综改办）、国家农发办。

2. 申报立项条件

田园综合体试点申报立项需要满足七大条件，项目建设中，如有以下情况，申报不予受理：未突出以农为本，项目布局和业态发展上与农业未能有机融合，以非农业产业为主导产业；不符合产业发展政策；资源环境承载能力较差；违反国家土地管理使用相关法律法规，违规进行房地产开发和私人庄园会所建设；乡、村举债搞建设；存在大拆大建、盲目铺摊子等情况。

3. 重点建设内容

围绕田园综合体的建设目标和功能定位，田园综合体试点要重点抓好生产体系、产业体系、经营体系、生态体系、服务体系、运行体系六大支撑体系建设。

4. 申报评选流程

田园综合体的申报以总体规划为引领，由县级政府组织编制规划和方案，由省级财政部门组织初选后，将名单报送财政部农业司和国家农发办。财政部和农发办根据各自负责省份，对实施方案进行审议后，将意见反馈给各省份，各省根据意见完善方案后提交给财政部、农发办备案。

（三）田园综合体试点扶持政策

综合考虑各地发展建设基础、开展试点意愿、改革创新工作推进、试点代表性等因素，中央财政将按照三年规划、分年实施的方式，三年共扶持 1.5 亿元，地方财政根据实际情况给予安排。政府扶持资金的使用方式如下。

中央财政从农村综合改革转移支付资金、现代农业生产发展资金、农业综合开发补助资金中统筹安排，每个试点省份安排试点项目 1~2 个，各省可根据实际情况确定具体试点项目个数。

试点项目资金和项目管理具体政策由地方自行研究确定。各试点省份、县级财政部门要统筹使用好现有各项涉农财政支持政策，创新财政资金使用方式，采取资金整合、先建后补、以奖代补、政府与社会资本合作、政府引导基金等方式支持开展试点项目建设。

经财政部年度考核评价合格后，试点项目可继续安排中央财政资金。对试点效果不理想的项目将不再安排资金支持。

二、田园综合体的开发架构与产业体系

（一）田园综合体的结构体系

田园综合体是一个跨村跨镇的结构，是基于市场逻辑，实现产业与社区一体化发展的创新理念。其发展结构有两个核心，一是产业融合。即在优势特色产业基础上，通过"农业+"，培育生产、服务、运营体系，积极推进配套产业、衍生产业的发展，形成一二三产业融合发展结构。二是产居融合。田园综合体对居住的提升绝不仅仅体现在硬件上，而是突破原有村庄发展结构，基于基础设施、公共服务设施以及治理水平的提升，构建综合型社区。

基于田园生活方式下产业综合发展和社区综合发展的创新目标，田园综合体须构建一个创业发展的综合化平台，突破简单的农业综合开发结构，充分利用农村集体土地政策，以集约化、规模化、智慧化的开发手法，实现生产资料与服务资料的整合，突破城镇村规划和建设结构，实现市场主体带动下的农户深度参与，促进城乡融合发展。田园综合体是政府和市场主体共同推动下的综合发展结构，需要系统化的综合规划与合理的业态布局策略。

以产业融合与产居融合为核心，在乡村振兴与新型城镇化构架下，田园综合体应由五部分构成，即景观吸引核、休闲聚集区、农业生产区、居住发展带、社区配套网。

1. 景观吸引核

景观吸引核是吸引人流、提升土地价值的关键所在，是田

园综合体打造的核心之一。基于丰富的地形、良好的生态基底以及规模化的农业种植，依托观赏型农田、瓜果园，苗木、花卉展示区，湿地风光区等项目，田园综合体可形成景观吸引核，使游人感受田园风光和自然美景，放松身心，体会农业魅力。

2. 农业生产区

农业生产区通常选在土壤、气候条件良好，有灌溉和排水设施的区域，主要通过现代农业科技的引入，开展循环农业、创意农业和农业体验。基础性生产项目包括农作物生产，果树、蔬菜、花卉园艺生产，畜牧业、森林经营、渔业生产等。除实现农产品的有效流通之外，该区域还承担两大功能：一是开展生态农业示范、农业科普教育示范、农业科技示范等项目；二是通过农业科技和农业传统知识的推广，向游人展示农业的独特魅力，丰富游人的农业知识，加深他们对农业的了解。

3. 休闲聚集区

休闲聚集区，是为满足客群的各种农业休闲需求而创造的综合农业休闲产品体系，是各种休闲业态的聚集（Mall 构架的游憩方式），主要包括农家风情建筑（如庄园别墅、小木屋、传统民居）、乡村风情活动场所（如特色商街、主题演艺广场）、田间游乐场所（儿童游乐、垂钓、农事体验）等。休闲聚集区使游人能够深入农业农村特色的生产生活空间，体验乡村农业生产与文化风情活动，享受休闲农业带来的乐趣。

4. 居住发展带

居住发展带，是田园综合体构建城乡融合的重要支撑。旅游各要素的延伸带动农业与休闲产业发展，形成以农业为核心、休闲为支撑的一二三产融合发展体系。田园综合体通过产业融合与产业聚集，带动农民社区化居住、产业人口居住、外来游客居住、外来休闲人群居住（二居所）、外来度假人群居住（三居所）等五类人口聚集，从而形成依托休闲农业，生产、生活、生态相融合的居住空间，这也构成了乡村现代化的核心基础。

5. 社区配套网

社区配套网，是田园综合体必须具备的乡村现代化支撑功能，包括产业配套和生活配套。产业配套是服务于农业、休闲产业的金融、商贸、物流、培训等设施；生活配套是服务于本地居民生活的医疗、教育、商业等公共服务，两者共同形成产城一体化的公共配套网络。

（二）田园综合体的打造策略

1. 以农业生产体系构建为基础

田园综合体是农业供给侧结构性改革的有益探索，其产业构建、空间布局、推广运营等都应以农业生产为基础。因此，进行田园综合体开发，要充分分析资源与环境条件，构建农业生产体系，对农业生产与产业升级所必需的供水、供电、农业设施等进行整体升级，推进中低产田改造和高标准农田建设，积极构建现代农业生产体系，形成合理的农产品供给结构。

2. 以"农业+"产业体系构建为核心

田园综合体是综合性产业发展平台，其发展核心是在农业生产基础上，构建"农业+"产业体系，即以"农业+"为核心突破点，通过农业与科研、农产品加工、休闲旅游、运动健身、养生养老、电商物流等产业的深度融合，构建以第一产业为核心的一二三产业融合体系。在"农业+"产业体系构建过程中，田园综合体将有效解决科研、生产、销售脱节造成的市场供给与需求错位，并通过二三产业的导入，最大化提升农业产业价值，从而增加农民收入，提高产业活力，带动区域社会经济协同发展。

3. 以农事休闲体验为带动

农事休闲体验是田园综合体发展的重要内容，主要体现在乡村旅游与休闲农业领域。以农业为基，以乡村为域，以农耕文化为核，以旅游为手段，通过不同类型、不同层次、不同规模的乡村旅游与休闲农业产品开发，塑造田园综合体的重要吸引力，并有效实现农业与市场的对接。

农事休闲体验打造的核心在于形成观光、游乐、运动、采摘、会议、养老、居住等多业态、多功能的复合与聚集，以满足多样化的市场需求。在具体开发中，可根据地域特色、文化特色等具体情况，侧重开发其中某一项或几项功能，形成各具特色的乡村旅游休闲项目。

4. 以生态体系及配套服务体系构建为保障

生态体系与配套服务体系的构建是田园综合体建设的重要保障。在生态体系构建方面，田园综合体可以从以下三个方面着力：一是优化田园景观资源配置，打造良好的自然生态环境，为发展绿色农业、有机农业提供基本发展条件；二是积极发展循环农业，充分利用生态环保、农业生产、农业废弃物处理及利用等新技术，实现农业农村可持续发展；三是构建生态人居环境，为田园生活的塑造奠定基础。在配套服务体系方面，一是完善区域内的生产性服务体系，打造农业种源信息、资本信息、市场信息、人才信息等生产要素服务平台，加速田园综合体一二三产业融合，推动农业新业态快速发展；二是完善科教文卫等综合社会公共服务设施，为乡村居民提供完善的服务，实现乡村的可持续发展。

5. 以新型农业经营体系为载体

创新经营体系构建，发挥多种农业适度规模经营形式的引领作用，形成有利于农业生产要素创新与运用的体制机制。具体而言，要大力积极培育新型农业经营主体，引导和支持种养大户、家庭农场、农村合作社、龙头企业等组织的发展壮大。同时，通过土地入股、代耕代种、土地托管等方式优化农业生产经营体系，实现区域内农民可支配收入的持续稳定增长。

6. 以综合开发为主要手段

田园综合体的综合性开发平台作用，体现在资源的综合开发、产业的综合发展、功能的综合配置、配套的综合建设、目标的综合打造、效益的综合实现等六个方面。其一，是资源的综合开发。在结合农林牧渔生产与经营活动、农村文化与农家生活的基础上，充分利用田园景观、自然生态及环境资源，将生态农业与休闲旅游进行合理组合。其二，是产业的综合发展。由单一的农业生产到泛休闲农业产业化的转变，实际上是包括生产、休闲、科普、旅居、商业等在内的泛休闲农业产业的综合发展架构。其三，是功能的综合配置。田园综合体不同于传统农业，还要聚集多种休闲体验功能，一站式满足游客全方位的旅游体验需求。其四，是配套的综合建设。除了产业功能的打造外，产居融合的田园综合体还需要市政设施、基础配套、服务管理机构等方面的综合建设。其五，是目标的综合打造。一个成功的田园综合体，完全有可能发展成为"城乡特色功能区、乡村振兴的典范、农业休闲示范区"，这是一个综合目标的构架。其六，是效益的综合实现。以农业为切入点，以景观提升为基础，引入休闲功能形成土地综合开发，是对农业产业化、农产品品牌、土地价值和区域经济效益的综合提升。综上，田园综合体涉及农民、村集体、政府、投资商多方利益。在开发过程中，需要尊重市场规律，统筹考虑各方利益诉求，通过市场逻辑、规划逻辑和机制的有效突破，建立共享机制下的利益分配格局与有效分配模式。

（三）田园综合体的综合产业价值链演化

田园综合体产业链的扩展与构建是农业核心竞争力的物质基础，其重点内容是生产与加工业转型升级，服务业蓬勃发展，在农业生产、农产品加工、服务业紧密融合的基础上派生出新产业。因此,综合体产业链扩展既要高度重视三次产业之间的深度打通,又要强调经济效益、社会效益、生态效益与资源效益的全面性。

1. 田园综合体的综合产业体系构建

田园综合体的主题定位与功能开发对产业链扩展有特定的要求与限定。在产业规模、技术水平、公共服务平台、科研力量和品牌积累等方面具有一定优势的基础上,依托产业补链、延链、强链,形成包括核心产业、支持产业、配套产业、衍生产业四个层次的产业集群:

核心产业:指以特色农产品园区为载体的农业生产和农业休闲。

支持产业:指直接支持农产品研发、加工、推介的技术、金融、媒体等服务产业。

配套产业:指为产业发展提供配套的会议会展、技术培训、餐饮住宿等产业。

衍生产业:指以特色农产品和文化创意成果为要素投入的创意产业。

核心、支持、配套、衍生各产业层次之间相互带动,形成以产业为引擎的乡村发展结构。

2. 田园综合体产业延伸与互动模式设计

将各产业进行融合、渗透,拓展田园综合体的产业链。产业链以市场为导向,以农村资源为基础,将农产品与文化、休闲、创意相结合,从而达到提升现代农业价值与产值的目的。田园综合体具有高科技性、高附加值、高融合性等特征,这些特征是现代农业发展的重点和演变的新趋势。

在田园综合体产业体系中,一二三产业互融互动,传统产业和现代产业有效嫁接,文化与科技紧密融合,传统功能单一的农业及加工农产品成为现代休闲产品的载体，被赋予引领新型消费潮流的多种功能，开辟了新市场，拓展了新的价值空间，产业价值的乘数效应十分显著。

三、田园综合体的链式发展模式解读

在乡村振兴的大背景下，"以生态为依托、农业为基础、旅游为引擎、数据为支撑、金融为保障、健康为理念、市场为导向的智慧集约型大农业产业集群"的田园综合体，被寄予了实现"三农"问题全面深化改革、带动乡村实现振兴的厚望。

（一）田园综合体的链式发展结构

"链"的基本含义是用金属环节连套而成的索子。对于"链"而言，首先要有两大核心要素，一个是"珠子"，对于田园综合体来说珠子就是要素；另一个是把这些要素串联而成的"线"，这个线就是各要素之间的关联度。两者相互作用，最终形成一个不断循环和反复的闭环结构，从而解决田园综合体建设过程中纵向断层、横向失联，以及重成果、轻效果、抄袭堆砌成风等问题。

田园综合体的"链"不是单一的一条链，而是一个以结构搭建为核心的多链条、圈层化的复合结构，包括供需链、利益链、产业链、产品链、执行链和效益链。其中，核心结构主要有三个，第一是供需结构，形成了供需链，这是最核心的结构；第二是利益结构，形成了利益链；最后一个是执行结构，形成执行链，即解决到底怎么做的问题。

（二）田园综合体"链"式发展模式

1. 供需链

从党的"十五大"提出"使市场在国家宏观调控下对资源配置起基础性作用"到党的十八届三中全会提出"使市场在资源配置中起决定性作用"，体现了政府对中国特色社会主义建设规律认识的新突破。

那么，什么是市场呢？市场就是供需关系。一切谋划的前提都是供需，田园综合体也不例外。在农业综合体项目中，供需不只是包含农产品和农产品的衍生产品，还涉及基于农业的土地、气候、产品、政策、人才等软硬件资源的供给。比如北京人喜欢海南的空气，东北人喜欢海南的气候等，这些都可以从供需角度，形成跨空间、跨时间维度的产品。

2. 利益链

利益链是为了促进供需关系的长久发展，协调政府、投资商、合作伙伴、当地居民、客户五大主体关系，从而实现各方核心利益诉求及可持续平衡发展。

利益链的第一个主体是政府，政府进行项目建设首要考虑三个目标：一是带动区域经济协同发展的"强区"；二是改善当地百姓生活的"富民"；三是维护本地生态环境的"生态"。第二个主体是投资商，投资商的核心利益诉求主要跟钱相关，即钱从哪里来，投到哪里去，钱怎么生钱，快钱、慢钱之间的关系如何平衡。第三个主体是合作伙伴，引入合作伙伴主要是为了由专业的机构、专业的人才做专业的事情，以保证项目的质量。第四个主体是当地居民，田园综合体项目一定要扎根土地，因而绕不开当地居民，这就需要形成新型的组织方式，包括村企合作、混合制度和农民合作社等。最后一个主体是客户，在个性化、高端化、度假化的消费趋势下，项目在产业与业态设计上，要满足不同客户的核心消费诉求，如养老、休闲、乡居、运动等。

3. 执行链

执行链主要有统筹谋划、农业资源、主体结构、资金结构、开发建设、运营管理六个链条。

（1）统筹谋划

执行链的第一个链条是统筹谋划。统筹谋划不仅仅是规划设计，还包括空间规划、品牌营销、产品设计、财务预算、运营架构和组织结构六部分。简单说，统筹规划就是把一系列想法变成商业模式，把项目的规划、设计、预算、开发、运营、管理等环节理清楚，并形成系列成果，从而形成可操作、可持续运营、可盈利的整体指导性方案。

（2）农业资源

执行链的第二个链条是农业资源。农业资源是农业发展的源头，也是决定田园综合体长久发展的根本，其中，核心资源的选择至关重要。核心资源要么是本地已有资源，要么是符合当地条件的导入资源。比如在花乡果巷田园综合体项目中，我们抓住了其核心资源——花和果，果是迁西板栗，早已名声在外。核心资源确定后，以其为基础依托，进行横纵向的一二三产融合延伸与发展，形成"大农业产业"，这是田园综合体健康发展的源泉所在。

（3）主体结构

执行链的第三个链条是主体结构，主体结构是解决"人"的问题，即"谁来干"。田园综合体的开发建设需要五大主体：国企、民企、合作社、合作方和当地政府。在开发过程中，或以农村合作社为主，形成合作社带动模式；或以企业为主，形成大型企业带动模式；或以政府为主，形成政府主导模式。如花乡果巷项目，主要以唐山供销农业开发有限公司作为核心项目控股方；多家民营企业作为综合体中的被辐射和带动方；各村居民以梨树和土地入股，有些温室可以承包给他们，进行利润分成；投资方主要通过项目发展，获取增值服务；当地政府的核心任务是把握田园综合体的发展方向，带动地方经济发展。

（4）资金结构

执行链的第四个链条是资金结构，农业项目的资金渠道包括五大部分，即企业自筹、众筹合作、民间资本、低息无息贷款和政策扶持。在谋划阶段，需要制订大财务计划，筹措资金，制订"资金规划及实施方案"。在建设期，需要制订大建设计划，通过"建设规划及实施方案"的制订，节省开支，保证资金的最大化使用；在运营期，需要制订大运营计划，通过"运营规划及实施方案"的制订，实现稳定赢利。

（5）开发建设

执行链的第五个链条是开发建设，田园综合体在开发期，建议以整体谋划、分步实施、启动样板、带动全局的模式进行发展。第一步是打样本、做龙头，即打造大农业生态环境，设定企业的安全种养流程与标准，建设入口、标识、展厅、参观道路等要素，并逐级申报农业龙头、"领头羊"项目；第二步是扩规模、增体量，通过"统一品牌、统一技术、统一标准、统一生产、统一管理、统一市场、统一渠道、统一组织"的"八统一"，整合周边数十家、上百家乃至数百家种植大户、专业合作社及相关加工、仓储、物流企业，迅速做大规模和体量；第三步是各项政府资金导入；第四步是各类社会、民间资本跟进；第五步是做联盟，即针对传统、团体、电商等各类销售渠道，加强进驻议价话语权，节省流动资金占用。

（6）运营管理

执行链的第六个链条是运营管理，包括四大结构，营销负责市场、业务负责生产、行政进行管理、后勤进行保障。

以上六大阶段，每一阶段都有不同的工作重点。如前期工作主要集中在立项审批、营业手续办理、市场调研、参观考察等方面。中后期的工作则主要集中在规划设计、资源导入、品牌营销：规划设计重在产品研发与空间规划等方面；资源导入重在种植养殖、相关认证等方面；品牌营销重在品牌建设与市场推广等方面。项目的推进可以通过甘特图来管理进度，执行工作内容。

4. 产业链

产业的发展带来的是人们生产与收入方式的变化，田园综合体作为乡村振兴的重要抓手，在产业链构建上应以一二三产融合为目标，与农产品加工、旅游、教育、健康、体育等产业广泛融合，实现全产业链聚集。以花乡果巷田园综合体为例，在花果种植的基础上，大力发展花果加工、饮料加工等二产以及花果售卖、技术推广、仓储物流等三产，形成以花果为核心的全产业链聚集结构。

（1）产品链

在传统意义的社会产品分工中，乡村供给的主要是粮食、蔬菜、肉蛋等满足基本需求的农产品。新形势下，乡村已经不再仅仅是农产品供应基地，它需要适应我国新时代的新矛盾，成为美好生活方式的载体。具有"农业＋旅游＋社区"完整生态圈的田园综合体，在产品链打造方面具有先天优势：依托乡村良好的生态环境，可以提供生态旅游产品，为城镇居民提供优良的休闲度假场所；可以提供休闲运动产品，满足近些年来快速增长的体育市场需求；可以提供健康产品，为病人、亚健康人群提供康复、疗养基地等。总之，田园综合体在"农业＋"的产业发展模式推动下，将形成适应现代生活需要的综合性产品架构。

（2）效益链

田园综合体涉及产业、产品、社区、文化等乡村各方面的升级，因此，其构建的是经济、社会、文化、政治、生态等综合效益链条。田园综合体的开发依托于乡村独特的物产、文化资源与优良的生态环境，其经济收益与生态环境、文化环境形成正反馈；而多样化的田园产品、创新型的项目运作模式为区域树立良好的品牌形象，同时产生深远的社会、政治影响。可见，随着田园综合体项目的推进，其所产生的经济效益、社会效益、文化效益、政治效益、生态效益将彼此强化，并形成动态可持续的效益链条。

主要参考文献

冯俊锋 . 2017. 乡村振兴与中国乡村治理 [M]. 成都：西南财经大学出版社 .

姜长云，等 . 2018. 乡村振兴战略：理论、政策和规划研究 [M]. 北京：中国财政经济出版社 .

林峰，等 . 2018. 乡村振兴战略规划与实施 [M]. 北京：中国农业出版社 .

罗雅丽，张常新 . 2018. 乡村振兴战略背景下县域村镇空间优化研究 [M]. 北京：经济管理出版社 .

王宝升 . 2018. 地域文化与乡村振兴设计 [M]. 长沙：湖南大学出版社 .

王雄 . 2018. 精准脱贫与乡村振兴：农业农村干部培训读本 [M]. 杨凌：西北农林科技大学出版社 .

张顺喜 . 2018. 大力实施乡村振兴战略 [M]. 北京：中国言实出版社 .